现代园林景观设计与表现

李燕　著

吉林人民出版社

图书在版编目 (CIP) 数据

现代园林景观设计与表现 / 李燕著 . -- 长春 : 吉林人民出版社 , 2023.11

ISBN 978-7-206-20468-5

Ⅰ . ①现… Ⅱ . ①李… Ⅲ . ①园林设计 – 景观设计 – 研究 Ⅳ . ① TU986.2

中国国家版本馆 CIP 数据核字 (2023) 第 224372 号

现代园林景观设计与表现

XIANDAI YUANLIN JINGGUAN SHEJI YU BIAOXIAN

著　　者：李　燕
责任编辑：江　雪　　　　　　　　　封面设计：武思岐
吉林人民出版社出版 发行（长春市人民大街 7548 号） 邮政编码：130022
印　　刷：河北万卷印刷有限公司
开　　本：710mm × 1000mm　　　　1/16
印　　张：15.75　　　　　　　　　字　　数：220 千字
标准书号：ISBN 978-7-206-20468-5
版　　次：2023 年 11 月第 1 版　　印　　次：2024 年 1 月第 1 次印刷
定　　价：88.00 元

如发现印装质量问题，影响阅读，请与出版社联系调换。

前言

现代园林景观设计是一门跨学科的综合性艺术，兼具实用性与审美性，旨在满足人们对优美环境的需求，并在满足人类物质需求的同时，创造出富有精神内涵的文化空间。

本书主要探讨现代园林景观设计与表现的基本概念和原理，强调空间造型基础、空间的限定手法和空间尺度比例的重要性。这些基本元素是所有优秀园林设计的基石，通过掌握它们，可以设计出丰富多变且和谐的园林空间。创新是推动园林设计发展的重要动力，本书在第四章重点讨论了现代园林景观设计的创新方向，如光影、传统文化、镂空艺术手法以及现代技术在园林景观设计中的应用。此外，本书还探讨了不同类型的公园和城市道路的景观设计与表现。

本书适合园林景观设计专业的学生、专业设计师及对园林景观设计感兴趣的读者阅读。本书旨在提供全面而深入的理论知识，同时，提供实际的操作方法和案例分析，以帮助读者将理论与实践相结合，真正掌握现代园林景观设计的原则和技术。

目录

第一章　园林及其景观设计概述

第一节　园林艺术与园林功能

一、园林艺术

作为一种特殊的艺术形式，园林通过在特定地理区域内改良和利用自然的地貌，融入植物的种植和建筑的设计，为人们提供了一个美观、休闲，甚至居住的场所。在历史文献中，中国的园林又被称为“园”“囿”“园亭”“庭园”“园池”“山池”“池馆”“别业”“山庄”等，尽管它们的特性和规模各不相同，但都拥有一个特征：在某一特定区域，塑造景观，结合植物种植和建筑设计，形成一个人们可观赏、休闲和居住的环境。

园林艺术最终呈现的并不只是一个艺术形象，而是一种物质环境。它是自然、建筑、诗歌、画作、楹联、雕塑等多种艺术形式的综合体，同时，包含了环境艺术化的理论和技巧。这种艺术形式有生命力，是功能和艺术的结合，是科学和艺术的融合，是一种将多种艺术元素融为一体的复合艺术。和文学、绘画等艺术形式不同，园林艺术塑造了空间。它通过象征性的形象反映现实，展现作者的思想情感和审美趣味，其具有独特的魅力，可以在潜移默化中影响人们的审美情趣，培养人们的品格，提升人们的文化修养。

二、园林的功能

园林的功能主要体现在四个方面，即生态环保功能、美学观赏功能、经济功能和休闲娱乐功能，如图 1–1 所示。

图 1–1　园林的功能

（一）生态环保功能

1. 园林可以改善城市环境

植被是园林的核心组成部分，它们不仅通过光合作用吸收二氧化碳并释放氧气，有助于改善城市的空气质量，还具有过滤空气中有害物质的能力。城市中常见的污染源包括尾气、工业废气和建筑物排放的有害物质，园林中的植物可以通过吸附和分解这些有害物质，净化空气，减少对人体健康的潜在危害。城市中嘈杂的交通声和建筑工地的噪声，给人们的生活与工作带来不便和压力。园林中的树木和植被可以作为隔音屏障，有效吸收噪声，创造一个相对安静的环境，为人们提供宁静和舒适的居住与工作空间。

2. 园林可以保护生物多样性

树木、花草和灌木为鸟类、昆虫和小型哺乳动物提供了丰富的食物资源，吸引了各种野生动物前来觅食，这些植被还为动物提供了栖息、避难的场所，帮助它们在城市环境中存活下来。在城市中，原有的自然

植被往往被建筑物和道路取代，导致植物种群减少。通过在园林中种植各种植物，可以为植物提供新的生长空间，使植物种子可以在这里落地生根，继续繁衍生息，有助于保持植物物种的多样性，并有利于增强城市中生物的适应性。

3. 园林可以调节城市气候

园林中的绿地可以通过植被阻挡烈日的直射，减少地表的热量吸收。植物通过蒸腾作用释放水蒸气，同时，吸收部分阳光能量，从而降低周围地表的温度。绿地覆盖的面积越大，城市的地表温度就越低，这在很大程度上减轻了城市内部的热岛效应。

4. 园林可以保护水源地

园林中的植被可以拦截和吸收降水，减少地表径流的产生。植物的根系和植被层能够吸收雨水并将其储存起来，减缓雨水流经地表的速度，降低地表径流的量，这种拦截作用有助于减少水源地附近的土壤侵蚀和水质污染，保护水源地水的纯净。园林中的植被通过蒸腾作用调节水循环，增加地下水的补给，植物通过根系吸取土壤中的水分，并将其转化为水蒸气释放到大气中，形成蒸腾作用，这有助于增加大气中的水分含量，使更多的降水渗透到地下层，补充地下水资源。

5. 园林是城市的碳汇

园林中的植被是一种高效的碳固定工具，植物通过叶绿素光合作用吸收二氧化碳，并利用光能将其转化为有机物质，如葡萄糖和纤维素。在这个过程中，植物将大量的碳固定在体内，并在生物组织中储存起来，有效地减少了大气中的温室气体含量。园林中的植被还可以长期储存固定的碳，植物的根系和木质部分富含碳元素，当植物死亡或腐烂时，植物中的碳会逐渐转化为有机质，并在土壤中长期保存，这使园林成为一个重要的碳储存库，将大量的碳元素储存在地下，有助于缓解全球气候变暖的压力。

6. 园林可以保护土壤

园林中的植物根系可以固定土壤，防止水土流失。植物的根能够牢固地扎入土壤，有助于减少水土流失现象的发生。植物根系的存在还能够增加土壤的孔隙度和抗风蚀能力，保持土壤的完整性和稳定性。园林中的植物还提供了大量的有机废弃物，如落叶和枝条，这些有机物质可以通过分解作用，改善土壤的结构和肥力。有机废弃物经过分解，会释放出有机质和养分，增加土壤中的养分含量，提高土壤的保水能力、增强通透性，并为植物的生长提供养分。

（二）美学观赏功能

园林是艺术与自然完美结合的产物，其中的美学观赏功能堪称其魅力之源。正是这种功能，使园林不仅为人与自然交流提供场所，也使人们可以获得视觉、听觉、嗅觉、味觉等多重感官体验。

1. 视觉美感

园林美学的根基是对自然的崇尚和模仿，仿自然的园林设计和造型，使园林能够最大限度地展现自然之美。山水、植物、建筑物和谐共存，形成优雅、秀美或崇高、壮丽的景观，吸引观赏者的眼球。设计师的匠心独运、巧妙布局，使园林的每个角落都有独特的美感，无论是壮丽的山水、精致的庭院，还是富有诗情的小径，都能让人心生欣喜。园林的美学观赏功能还表现在其空间组织和动线设计上。恰当的空间布局能赋予园林深远的意境，使人产生身临其境的感觉。景深变化、空间空旷与狭小的交替和明暗、色彩、音效的对比，都使园林赏心悦目。巧妙的动线设计使人在游赏过程中每走一步，都能发现新的景致、得到新的美感体验。

2. 听觉、嗅觉与味觉美感

除了视觉体验以外，园林还强调声、香、味、触的感官体验。流水的潺潺声、鸟儿的鸣唱声、树叶的沙沙声等都构成了园林的声音景观。这些来自自然界的声音能够给人带来宁静和放松的感觉，使人们远离喧嚣，享受大自然的和谐声音。不同的花卉和植物散发各具特色的香气，如玫瑰的浓郁芳香、茉莉的清香等，给人带来愉悦和舒适的感受。同时，

园林中的水体，如喷泉和湖泊，也带来清新、湿润的空气，使人们感受到大自然的美好。园林中的果实除了供观赏以外，还有不同的口感，人们可以品尝到新鲜水果的美味。

3. 文化美感

园林艺术将诗、书、画、印融入其中，弘扬中华优秀传统文化，让人在欣赏美景的同时，能领略到文化之美。楹联等使园林景观富含诗意，增加了园林的观赏性。雕塑、塔、亭、廊、桥等园林建筑，既具有实用功能，又具有审美性，体现了人与自然、历史与现代的对话，表达了设计师的艺术追求。

（三）经济功能

园林的经济功能主要体现在以下几个方面。

1. 旅游产业的推动

园林景区作为旅游目的地，为游客提供了独特的旅游体验，使游客可以欣赏到精心设计的景观、建筑、植被，感受到自然与人文的融合。这种独特的体验吸引了众多游客前来参观，推动了旅游产业的发展。为了满足游客的需求，园林景区周边通常会有各类旅游配套设施，提供旅游商品销售、餐饮、住宿等服务。这不仅为游客带来了方便，也为当地居民创造了就业机会，并促进了相关产业的发展。

2. 房地产价值的提升

公园和庭院为居民提供了放松和休闲的场所，让人们可以亲近大自然，感受到自然的美妙。公园中的花坛、喷泉、步道等景观元素，以及庭院中的花草树木，都能给人带来视觉上的享受和心灵上的愉悦。因此，周边房地产的价值通常会受到这些优美园林环境的影响而提升。

3. 就业机会的创造

园林设计需要专业的景观设计师、土木工程师和植物学专家等人才，需要他们负责规划和设计园林的布局，选择景观元素，确保园林的美观，发挥其功能性，这可以为设计领域专业人才提供就业机会，并且他们的创意和专业知识对于园林的建造质量至关重要。园林的建设过程需要施工人员、园林工程技术人员等，他们负责园林设施的建设和安装，包括道路、石景、喷泉等，还需要土木工程、电气工程和水利工程等方面的人才，从而为相关行业提供就业机会。此外，园林的日常维护包括修剪植物、除草、施肥、灌溉等，这为园林维护人员提供了就业机会。

4. 科研教育的推动

园林的生态系统包含着丰富的物种和复杂的生态过程，可以用来研究生物多样性、生态平衡、生态系统功能等方面的问题。同时，园林中的植物种类丰富，为植物学研究提供了丰富的材料和研究对象。通过对园林的科学研究，可以深入理解生态环境的变化和植物的生长特性，为相关科学领域的发展提供科学依据和技术支持。园林科研活动的开展也推动了相关科学技术的应用和创新，园林科研涉及生态保护、景观设计、植物育种等方面，这些方面的研究成果可以应用于实践，促进园林产业的发展。

（四）休闲娱乐功能

园林为人们提供了一个远离城市喧嚣的场所。园林的各种设施，如走道、长椅、游乐设施等，可以满足人们的休闲需求。在园林中，人们可以悠闲地散步，欣赏四周的美景；可以坐在长椅上，静静地享受阳光和新鲜空气；可以在游乐设施中尽情嬉戏，感受生活的乐趣。这对于在城市中生活节奏快的人们来说，是一种难得的休闲方式。园林也是家庭聚会和朋友聚会的理想场所。在园林的宽敞草坪上，人们可以举办各种户外活动，如野餐、烧烤、运动比赛等。这些活动不仅可以让人们享受到活动的乐趣，还有助于增进亲朋好友之间的感情。园林中的凉亭等设施，也为人们提供了一个舒适的聚会空间。在园林中，人们还可以进行各种户外运动，如跑步、骑自行车、瑜伽等。这些活动不仅可以锻炼身体，提高人们的健康水平，还能让人们在忙碌的生活中获得放松。特别是对于居住在高楼大厦中的人来说，园林提供了一个宽敞的运动场所，使他们可以在户外进行运动，享受自然的美好。园林还是各种文化活动的举办地。在园林中，经常会举办各种文化活动，如音乐会、戏剧表演、艺术展览等。这些活动丰富了人们的文化生活，使园林成为城市的文化中心。

园林为人们提供了一个休息和放松的场所。在园林中，人们可以亲近自然，享受生活，释放压力，增强身心健康。在未来，随着人们越来越重视高品质生活，园林的休闲娱乐功能将会得到更大的发挥，园林将成为人们生活中不可或缺的一部分。

第二节　园林景观设计的内涵与特征

一、园林景观设计的内涵

英国城市规划师戈登·卡伦在其作品《城市景观》中，描绘了景观艺术的内在性质，将其定义为一种“相互关系的艺术”。也就是说，视觉元素间建立的空间关联是景观艺术的核心。例如，一栋建筑只是一栋建筑，而两栋建筑相互联系就形成了景观，它们之间体现的和谐与秩序，即美的表达。

景观在人类视觉审美中的定义已经有了长足的发展。最初，人们将其理解为“城市风光或者风景”，随后演变为“理想居住环境的规划图”，进一步发展为“关注居民的生活体验”。现代的景观研究更多的是将其作为生态系统的一部分，关注人与自然之间的互动关系。因此，景观实际上是自然景观、文化景观和生态景观的集合。从设计的角度出发，园林景观带有更强的人文元素，这与自然景观的形成有所不同。景观设计是对特定环境有意识改造的行为，目的是创造出含有社会文化含义和审美价值的景观。这一过程不仅需要考虑景观本身的美学特质，还需要考虑其生态功能和对居民生活的影响。

在园林景观设计的实践过程中，对形式美的追求和设计语言的运用一直占据着重要的地位。其设计对象包括自然生态环境、建筑环境以及人文社会环境等多个方向。园林景观设计是依据自然、生态、社会、行为等科学的原则从事规划与设计，按照一定的公众参与程序创作，融合于特定公众环境的艺术作品，并以此提升、陶冶和丰富公众审美经验的艺术。①

园林景观设计是展示人们生活环境品质的一个重要途径，也是一门旨在优化人们对户外空间的使用和体验的艺术。至于园林艺术设计的作用范围，它广泛涵盖了所有以美化环境为目标的工作，包括新城镇的总体景观规划、滨水景观带设计、住宅区规划、街道布局以及城市绿地设计等，基本覆盖了所有的户外环境空间。

园林景观设计是一门极具综合性的学科，不仅关涉艺术、建筑、园林和城市规划等领域，还与地理学、生态学、美学、环境心理学等学科有深厚的联系。吸取多学科的研究方法和成果是其重要的特性，如设计理念受城市规划全局思维的引领，设计系统基于艺术与景观专业的基本构成元素，环境系统则以园林专业的内涵为基石。

城市的产生是人类改变自然景观、重新利用土地的结果，然而在此过程中，人类对自然的尊重不足，导致地面、气候的破坏，改变了人的居住环境，影响了水文、森林和植被的稳定。工业革命之后，城市被大量的道路、住宅、工厂和商业中心填充，形成了远离自然景观的现象，同时，引发了一系列环境问题，如人满为患、城市热岛效应、空气污染、光污染、噪声污染和水环境污染等，这些问题都在降低人类的生活质量。进入 21 世纪，人类开始重新思考自身与自然的关系，倡导“人居环境的可持续发展”。人们逐渐认识到园林景观设计不仅仅是美化环境，更要从本质上改善人的居住环境、维持生态平衡和促进可持续发展。现代园林景观设计的使命已经不仅是早期的造园置石，而是要为城镇和农村的

① 周增辉，田怡．园林景观设计 [M]. 镇江：江苏大学出版社，2017: 3–17.

居民创造合适的生活空间，建设理想的居住环境。

二、园林景观设计的特征

园林景观设计主要有三个特征，如图 1–2 所示。

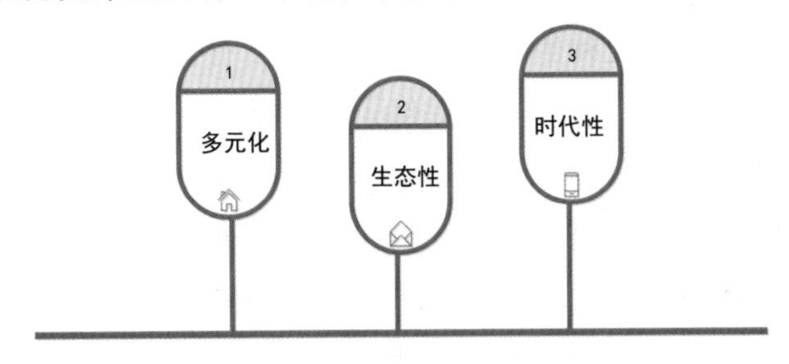

图 1–2　园林景观设计的特征

（一）多元化

园林景观设计充满多元化的特征，这些特征源自不同的领域，例如，艺术、科学、工程技术和社会学等。这些领域提供了丰富多样的工具和思维方式，使园林景观设计不仅是一个创造美丽环境的艺术创作过程，也是一个解决实际问题的过程。

1. 艺术元素

设计师会运用各种形式的艺术语言来塑造环境，如色彩、线条、空间和光影等。通过选择和搭配不同的颜色，创造出丰富多彩的景观效果。鲜艳的色彩可以增添活力和喜悦感，而柔和的色调则营造温馨和宁静的氛围，色彩的巧妙运用使园林环境更具吸引力和个性。线条的流畅与曲折可以创造出不同的空间感和动感，弯曲的路径、起伏的地形、错落有致的树林等线条的运用，使园林环境更加丰富多样，增添了探索和惊喜的元素。合理的空间规划则可以使人感受到不同的空间层次和视觉效果，设计师通过合理的布局和有层次感的空间塑造，创造出开放、封闭、连续或分隔的空间。光影的变化和投射可以创造出丰富的光影效果，增加园林的立体感和神秘感。

2. 科学元素

科学元素提供了园林景观设计的理论基础和操作手段。通过运用生态学的原理，设计师可以更好地理解生物与环境之间的相互作用，以及生态系统的稳定性和恢复能力。设计师可以在设计过程中充分考虑物种的多样性、生态连通性和生态功能，创建出具有生态平衡和生态可持续性的园林景观。地理学为设计师提供了关于地理环境、土壤特征、地形地貌等方面的知识，帮助他们更好地了解和利用地理条件进行设计。通过合理利用地理要素，如山水、地势和水文条件，设计师可以创造出更具特色和地域特点的园林景观。环境科学也为园林景观设计提供了重要的科学依据，设计师需要了解和评估景观所在区域的环境因素，包括大气质量、水质、土壤污染等方面的因素。通过科学的环境评估和监测，设计师可以在设计过程中采取合理的措施，减轻景观对环境的负荷，提高景观的环境适应性。

3. 工程技术元素

设计师需要了解不同绿地设施的建设方法和技术要求。例如，对于景观石材的选择和使用，设计师需要考虑材质的特性、防滑性能以及与周围环境的协调性；对于园林灯光系统的设计，需要考虑照明效果、能源效率和安装维护等方面的问题。通过熟悉各种绿地设施的建设技术，设计师可以有效地实现设计目标，确保园林环境的质量和功能。在园林维护与管理方面，设计师需要了解植物的生长特性和养护方法，以便在设计中选择适合的植物，并提供相应的维护建议。

4. 社会学元素

社会学元素涉及设计过程中的人文关怀和社会责任。设计师需要深入研究和理解居民的生活习惯、行为模式和需求。设计师可以通过观察和与社区居民交流，了解他们的喜好、兴趣和习惯，从而更好地满足他们的需求。例如，在公共空间的规划中，设计师可以根据社区居民的活动偏好，合理设置休憩区、游乐设施、社交空间等，以提供更舒适和便利的使用体验。除此之外，设计师还应考虑园林设计对社会的影响和责

任，他们需要思考设计对社区居民的福祉、社交互动和社会凝聚力的贡献。园林设计应该鼓励社区居民互动和交流，促进居民参与活动，营造积极向上的社会氛围。

（二）生态性

生态在园林景观设计中的作用不可忽视，其贯穿设计的全过程。设计师在选择植物的时候，会依据当地的气候、土壤条件，选择最适合的本土植物。这些植物与当地环境相容，更能适应并且强化生态系统。使用本土植物还有一个重要的原因，就是它们对于提供生物多样性起到关键作用，帮助维持了一个健康的生态平衡。生态学的理念也深入场地规划。例如，设计师会在设计中考虑地形、水文和土壤等因素，以降低对环境的影响，同时，充分利用自然资源，如收集雨水和利用太阳能。生态设计更倾向于保持或恢复原有生态系统，避免对土地进行过多的改变和干扰。在现代园林景观设计中，还注重创建宜居的城市生态环境。它以人为本，强调人与自然和谐共生，实现生态文明建设的目标。设计师既要考虑生态环境的恢复和保护，还要强调城市居民的生活质量，提供优良的户外活动空间，丰富城市居民的生活体验。

（三）时代性

园林景观设计历来就是与其所处时代息息相关的艺术形式，其特征与设计风格不断地随着社会的进步和变革而发展、演变。每个历史时期的园林景观设计都在某种程度上反映了其时代的特点、思想和文化，同时，塑造并影响着人们对于环境和生活方式的理解与认知。古代的园林景观设计，特别是中国和欧洲的园林景观设计，深受宗教和哲学思想的影响。在中国，园林景观设计常常被用来实现道家的自然主义理念和儒家的和谐社会理想，从而体现出人与自然、人与人之间的和谐统一。而在欧洲，园林景观设计受到基督教信仰的影响，经常被用来象征天堂的美丽和和平。进入现代，随着科技的进步和城市化的加速，园林景观设计的时代性特征又有了新的发展。工业革命带来的机器生产和大规模城市建设，使园林景观设计变得更为注重功能和效率，同时也引入了新的材料和技术。园林景观设计也开始越来越注重社区参与和民主决策，强调公共空间的开放性和包容性。

在 21 世纪的今天，园林景观设计的时代性特征主要体现在对环境可持续性和生态兼容性的重视上。园林景观设计开始探索和实践更为绿色与可持续的设计方法及策略。设计师开始倡导使用本土植物，增强生物多样性，节约资源，并尽可能地降低人类活动对环境的负面影响。同时，园林景观设计也在面临着数字化和信息化带来的挑战与机遇。数字技术的发展不仅改变了设计师的工作方式，还为园林景观设计提供了新的表达方式和创新的可能。例如，虚拟现实与增强现实技术可以帮助设计师和公众更好地理解并体验设计，而大数据和人工智能则可以帮助人们优化城市环境与公共空间的使用及管理。

可以看出，园林景观设计的时代性特征是多元和复杂的，它不仅反映了社会、科技、文化和环境的变迁与发展，也反映了人们对未来环境和生活方式的设想。这使园林景观设计不仅是一门艺术和科学，也是一门与其所处时代紧密相关的实践活动。

第三节　园林景观设计的原则与基本程序

一、园林景观设计的原则

在进行园林景观设计时，应遵循以下几个原则，如图 1–3 所示。

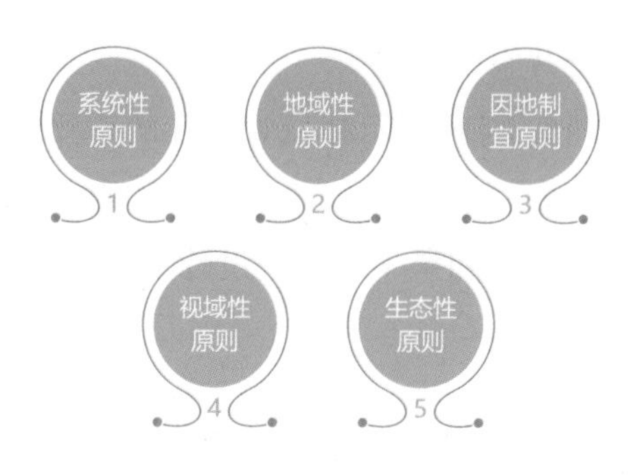

图 1-3　园林景观设计的原则

（一）系统性原则

园林景观设计是一个复杂的创新过程，需要全局视野和系统性的思维方式。园林景观设计涉及多个领域的知识，包括生态学、建筑学、地理学和社会科学等，因此，必须遵循系统性原则，才能使各设计元素和功能的有机结合发挥协同效应。

系统性原则强调的是整体性和关联性，设计师需要将整个园林景观视为一个系统。系统内的每个组成部分都相互关联、相互影响，改变其中的一个元素可能会影响到整个系统的运行。因此，园林景观设计决策的做出应当基于对整个系统运行状况和性能的了解和评估，而不仅仅是对单个元素或功能的了解和评估。在系统性原则指导下，园林景观设计需要考虑各种因素，包括生态环境、地形地貌、气候条件、土壤类型、植被分布、人文历史、社区需求、经济可行性等。这些因素之间存在着复杂的相互作用和反馈关系，设计师需要对这些关系进行理解和巧妙处理，才能创造出既美观又实用，既能满足人的需求又尊重自然的园林景观。园林景观是一个动态的系统，会随着时间的推移和外部条件的变化而变化，因此，设计师需要考虑到这些变化，设计出能够适应未来变化的景观，例如，设计师可以采用本土植物和多样化的植物组合，以增加生态系统的适应能力和抵抗力；还可以结合社区需求的变化，设计出可以灵活改变和使用的公共空间。

综上所述，系统性原则对于园林景观设计的重要性不言而喻。它要求设计师具有全局视野和深度思考的能力，能够理解和处理复杂的问题。这就是园林景观设计的艺术和科学，也是设计师的责任和挑战。

（二）地域性原则

地域性原则关注设计的地理、文化和历史环境，体现了对特定地域的深入理解和尊重。这种理解和尊重既体现在设计的形式上，也体现在设计的功能和意义上。

1. 地理环境

地域性原则强调设计应该反映其所处的地理环境特征，包括自然和人为两个因素。

自然的地理环境因素包括气候、地形、植被等，是影响城市景观的重要因素。这些自然因素是影响一个地方特色的关键因素，它们不仅塑造了城市景观的物理形态，也影响了人们的活动方式和生活习惯。气候因素对于城市景观设计具有决定性的影响，设计师需要考虑气候对植物生长、建筑物耐久性以及人类活动的影响，从而进行有针对性的设计。例如，在炎热的气候下，设计师可能需要考虑如何通过植物遮阳和水体调湿来提供舒适的户外环境；在寒冷的气候下，设计师则需要考虑如何利用建筑物和地形阻挡寒风，选取哪些耐寒植物进行绿化。又如，利用地形的变化，可以创造出空间层次和空间感，如在山坡上建造观景台，可以让人们俯瞰城市景色；而谷地则可以成为休闲或体育活动的场地。植被的选择和配置也需要考虑地理环境，如在热带地区，可以选择大量热带植物形成丰富多彩的植物景观；在草原地区，主要选择草类和低矮的灌木形成景观。

人为的地理环境因素，如土地利用、城市布局等，也会对城市景观产生影响。设计师需要考虑现有的土地使用情况和规划，以及周边的建筑环境，保证设计的合理性和连续性。例如，在商业区，设计师可能需

要考虑繁华的街头需要什么景观；在居民区，则需要考虑宁静的环境需要什么景观。

2. 文化和历史环境

尊重和应用地方的文化和历史，可以帮助设计师创造出具有深度和内涵的设计。一个城市的历史可以在城市的街道、建筑、雕塑和其他公共空间中找到。设计师应该努力保护和传承这些历史记忆，使它们在设计中发挥作用。例如，可以保护和修复老建筑，使其继续服务于城市，也可以在新的设计中引入历史元素，使历史和现代相互对话。这样，设计不仅可以满足现代生活的需求，也能保留历史的脉络，让人们感受到历史的持久和连续。文化传统和社会习俗是一个地方文化的核心组成部分，设计师需要理解和尊重这些传统和习俗，将它们运用到设计中。例如，如果一个地方有丰富的陶瓷传统，那么设计师就可以将陶瓷元素作为设计元素；如果一个地方的人们有强烈的信仰，那么设计师就可以在设计中体现这种信仰。这样，设计不仅能够满足功能需求，还能反映当地的文化特色。

尊重文化和历史环境并不意味着要封闭和排他。在全球化的背景下，各种文化和思想交流越来越频繁，这为设计师提供了更多的创新空间。设计师可以借鉴其他地方的成功经验，在保留地方特色的基础上，将新的元素和理念引入设计。设计师也需要注意避免文化冲突，确保设计的普适性和包容性。

（三）因地制宜原则

现今，人们对因地制宜这一理论存在着不同的理解。国际地理联合会副主席吴传钧认为，因地制宜不只是因土制宜，因土种植，也不仅仅是因自然条件制宜，这样理解都过于狭窄片面。他认为一定社会经济文化条件下的地域人文差别，如生产技术的熟练程度、劳动者的分布状况、地区主导产业、民族的组成、人们的性格和生活习惯，都对人们的活动策略与安排产生一定的影响，因此，因地制宜的“地”包含自然条件和社会条件等，这样理解因地制宜的“地”才比较全面。[①]《文化产品与因地制宜》一文认为，产生并推动“地域性”问题研究发展的语境在中国应该有两个方面，其中一个方面便是因地制宜，是主体内省的需要，凸显传统观念中上下文的关系。

综上所述，本书认为，在园林景观设计中，因地制宜原则强调以地理环境为依托，充分考虑地形、土壤、气候等自然条件对景观的影响。例如，在山地进行设计时，设计师可能会利用地形，通过错落有致的设计方案，使景观和地形融为一体；在干旱地区，设计师可能会选择耐旱植物，以满足节约水资源的需求。因地制宜的设计还体现在对当地文化和历史的尊重和延续上，设计师会深入了解当地的历史文化背景以及社区居民的生活方式和价值观，尽可能全面地考虑，使设计方案与当地的文化和社会环境相符。例如，在一些历史文化名城的园林设计中，设计师往往会尊重并保留其历史元素，通过设计让历史文化得以体现和传承。

在实际应用中，因地制宜原则的运用并非孤立的，而是与其他设计原则紧密结合起来运用的。设计师需要具备跨学科的知识，包括生态学、社会学、历史、艺术等，这样才能准确理解和判断环境条件，设计出最佳的方案。设计师还需要具备敏锐的观察力，以便从环境中发现那些可能被忽视的元素，使这些元素在设计中得到利用和展现。

（四）视域性原则

园林景观设计的视域性原则是对于观者视线在空间中引导和组织的考虑，涉及对园林景观的构成、视觉体验和空间层次的深入理解。

首先，视域性原则关注如何通过设计策略引导观者的视线。设计师可以通过合理的布局和设置，如路径、植被、建筑等元素的选择和配置，有意识地引导人们的视线，并进一步引导他们的行动路径。例如，路径

① 吴传钧．因地制宜发挥优势逐步发展我国农业生产的地域专业化[J]．地理学报，1981:349-357.

的弯曲可以创造出视觉的惊喜，延伸的路径可以引导视线，吸引人们进入景观的深处，焦点元素如雕塑、特色建筑或者独特的植物，则可以吸引观者的视线和注意力。其次，视域性原则也关注如何通过设计手法塑造景观的层次感和深度感。这通常需要设计师巧妙地利用颜色、纹理、形状、大小和位置等元素，制造出丰富而动态的视觉效果。这种变化可以在一个连续的空间中产生不同的视觉体验，也可以在不同的空间之间形成对比和节奏，为观者带来更为丰富和精彩的视觉体验。最后，视域性原则的运用也体现在如何塑造景观的尺度感和空间感。这需要设计师有意识地利用空间的大小、形状和比例，以及植被和建筑的高低、密度和排列，创造出适宜的空间尺度和良好的空间感。

（五）生态性原则

第一，设计需要尊重和适应自然环境，认识并利用自然的规律，创造既能满足人们的需求，又能与自然生态系统和谐共生的环境。这包括了解地形、气候、水文、土壤、植物和动物等自然条件对景观的影响，了解如何利用科学的方法和技术与自然规律，创造既能满足人类需求，又能与自然环境和谐共生的设计。这既是一种尊重自然的设计方法，也是实现景观可持续发展的必要途径。

第二，设计应注重长期的可持续性，考虑到物质的循环利用，减少不必要的资源浪费。例如，设计师既可以选择使用可再生的材料和环保的建筑技术，也可以在设计过程中尽可能降低能源消耗。设计师应从源头上减少废弃物的产生，优化材料的使用，减少施工过程中的废弃物，设计可以重复使用或易于回收的产品，减少废弃物对环境的影响。设计还应考虑如何提高公众对生态问题的理解度和参与度，设计者可以利用设计传播环保理念，增强公众的环保意识。例如，可以在设计中融入环保的元素，如绿色屋顶、雨水收集系统等，让公众在使用过程中了解并参与环保行动。

第三，设计应该注重环境质量和生态健康，以提供一个安全、舒适的环境。这包括通过提高空气质量，减少噪声污染和光污染，保持水质清洁，以及提供各种生态服务，如空气净化、气候调节、水源保护、土壤肥力提升等。

第四，设计应该具有适应性和灵活性，以应对不断变化的环境条件和人们的需求。设计师应考虑到生态系统的动态性和复杂性，以及如何使设计具有足够的灵活性，以便在未来的使用和管理中进行必要的调整。

二、园林景观设计的基本程序

（一）任务书和基地现状调查与分析

园林景观设计的初始阶段，即任务书阶段，是整个设计过程的基础。在这个阶段，设计师应深入理解项目委托方的特定需求，包括预期的设计效果、预算约束和时间框架。这些信息通常是设计的主要依据，可以确定哪些因素需要详细地考察和分析，哪些只需要基本了解。任务书阶段主要是文字描述，较少涉及图形绘制。

在掌握了任务书中的内容后，设计师就进入了基地现状调查和分析阶段。这一阶段的目标是让设计师全面熟悉设计场地，以便更好地确定场地特性、识别存在的问题以及评估其发展潜力。设计师需要明晰场地的优势与不足，哪些元素需要保留和强调，哪些地方需要改进或修正，如何最大化其功能，同时识别出潜在的限制因素。

基地现状调查和分析阶段，相当于在写一篇论文或者准备一份报告时，去图书馆搜集相关的资料并进行研究。设计师需要有一个清晰的目标和理解，才能进行有效的设计。因此，基地现状调查和分析可以视为设计的“路线图”或“开启设计思考的钥匙”，是帮助设计师解决场地问题的重要工具，为设计提供依据和论据。调查收集的数据和分析的结果通常以图表或图解形式表示，记录调查内容的基地资料图和展示分析结果的基地分析图是常见的方式。这些图应清晰、简洁，并能够说明问题，常用各种标记和符号，并配有简要的文字说明或解释。此外，摄像

机也是调查过程中的有效工具，可以用来验证设计中的各种信息，或帮助设计师回顾场地的现状。

1. 基地现状调查的内容

基地现状的调查分为两大部分：第一部分，搜集相关的技术资料；第二部分，实地考察和测量。一些技术资料可以从相关部门获取，如基地所在地的气候数据、地形信息和城市规划等信息。对于无法查询到的必要信息，可以通过现场调查和勘查获取，如基地和环境的视觉品质、基地的微气候条件等。在这一阶段，大量的数据和信息会被收集与研究。在基地现状调查时需要考虑的要素如图 1–4 所示。

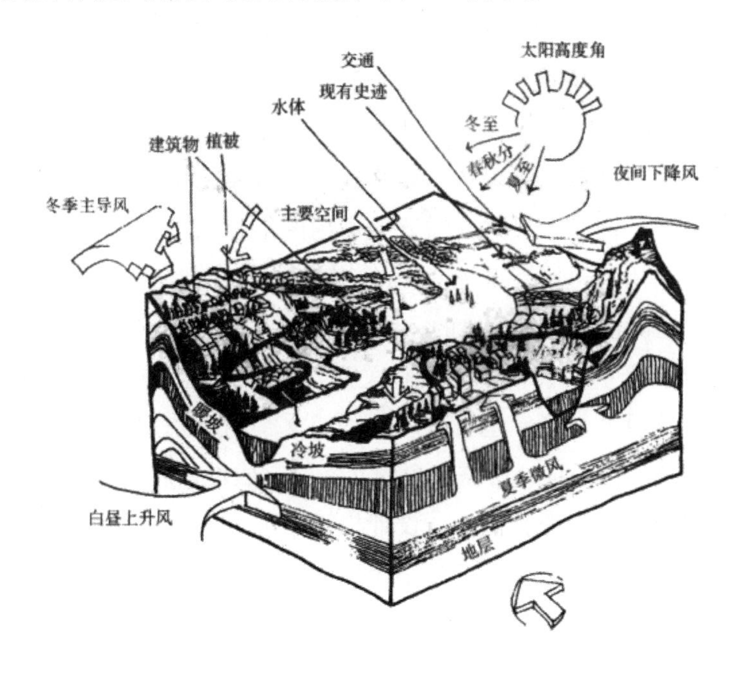

图 1–4　基地现状调查要素

2. 基地分析

虽然收集基地的现状资料相对直接，但对这些资料进行分析则需要专业技巧。调查只是一个工具，真正的目标是对资料的分析和理解，这一点往往会被初学者忽视。分析工作需要丰富的经验和专业知识，才能判断哪些因素会对设计产生积极影响，哪些因素可能产生负面效应，以及设计方案会对环境带来哪些影响。

基地分析包括基于地形资料的坡度和排水方式分析、基于土壤资料的承载力分析，以及基于气象资料的日照和微气候分析等。对于大规模的基地，需要分别对各项内容都进行调查，因此，基地分析也应该是先分项，再整合。可以将各项调查结果单独绘制在基地底图上，每张底图只显示一项内容，然后将所有内容整理到一张基地分析图上。

3. 资料表达

在进行基地调查和分析的过程中，所有的信息都应通过图表和适当的文字注释进行展示，以确保信息的清晰、简洁，从而为设计提供便利。

有地形标记的现状图是基地调查和分析的重要基础，通常称为“基地底图”。在基地底图上，应清晰地标注比例、方向、各级道路网络、现有的主要建筑以及人工设施、等高线、大规模的林地和水域、基地用地范围等信息。同时，最好在需要缩小的图纸上标出线性比例尺图，并用双点线表示用地范围。基地底图的内容不应仅包含基地范围内的环境信息，最好还能包括周围环境的一些信息。

为了准确分析当前情况和高程关系，可以绘制一些典型的剖面图。为了达成最终设计目标，也可以用图表或文字的方式列出设计大纲，包括设计内容和目标、设计所需包含的元素、完成设计所需的特殊因素等。设计大纲对于设计思考的深入、设计构思的形成以及设计目标的实现都有着重要的作用。下面以某健身小天地的设计为例，展示设计大纲图表的要素，如表 1-1 所示。

表1-1 健身小天地的设计大纲

空 间	尺 寸	材 料	注意事项
入口	1.5 m 宽	混凝土或铺砖	必须延伸至公路边沿，装设地灯照明
公共娱乐中心	260 m^2	自然杉木林	必须位于场地的中心，并可以看到四周
三个网球场	23.78 m × 36.59 m	柏油基础，铝制围栏	必须在 1% ~ 3% 的坡度范围内
遮挡背面	最少 1.5 m 高	绿篱或木栅	必须全年都有保护效果
水面	18 m^2，最深 1.2 m	混凝土	必须是入口处视线的焦点

（二）初步规划和方案设计

初步规划是一个宏观设计的阶段，主要确定设计的总体结构和主要元素的位置。初步规划确定了场地功能、空间布局和流线，对基地的开发方向和利用方式做出了初步的设定。初步规划阶段的成果一般以总体布局图、场地使用图、空间结构图等图纸形式呈现，并通过设计说明书和设计报告书的形式表述设计思路和设计策略。

方案设计阶段，设计师需要在初步规划的基础上，对各空间和元素进行深入的设计和研究，以细化设计并进行优化。这一阶段的目标是确定和具体化设计方案，从而形成一个全面、具体、可实施的设计方案。设计师需要考虑众多的实际因素，包括土地的物理特性、地形地貌、气候条件、人口密度、交通流量、现有的设施以及未来的发展潜力等，形成一个完整的设计方案。方案设计阶段的成果通常包括详细设计图、效果图、施工图、设施布局图、植物配置图、材料选择、成本估算等。

（三）详细设计和施工图设计

详细设计阶段主要是对方案设计进行进一步的细化。这包括设计元素的具体化，如具体的建筑形式、材料选择、植物配置、颜色搭配等。

这些都需要设计师对每个设计元素都进行详细研究，以确定其大小、形状、颜色、材料等具体情况，从而形成详细的设计方案。设计师在这个阶段需要以图纸和文字说明的方式，清晰地展示各设计元素的具体形态和功能。在详细设计的过程中，设计师还需要考虑到成本和施工的实际情况，从而使设计既有美感，又能满足实际的施工和使用需求。

施工图设计阶段是设计师将详细设计转化为可以施工的图纸的阶段。设计师需要在施工图中详细地表示设计方案中的所有内容，包括建筑的结构、材料、尺寸、色彩，以及电、水、暖通、灯光等各项设施的布置和接口。施工图不仅要体现设计方案的美学和功能，还要充分考虑到施工的需要，以便施工方能够根据施工图准确、高效地进行施工。施工图设计阶段的成果通常包括平面图、立面图、剖面图、细部图、设备安装图、电气图、给排水图等。

（四）设计评价

设计评估是最后一个环节，有时会被忽视。它的关键作用在于根据既定的总体目标，对最终的景观设计结果进行审查和反馈，以验证设计目标和策略的执行情况。这样可以确保最终的设计结果与初步的分析研究的结果紧密相关。设计评估对于景观设计理论的发展、设计方法的选择、设计过程中的方案选择、景观的使用质量等方面具有重要的作用。为了进行有效的设计评估，需要建立一套有效的评估体系。对于现代景观设计实践，评估指标体系主要由以下几个方面构成。

1. 美学评价标准

首先，评价设计的创新性，也就是设计是否具有新颖性、独特性和独创性。这是园林景观设计评价的重要部分，因为新颖的设计可以吸引人们的注意力，提供独特的体验。其次，评价设计的和谐性。园林景观设计需要考虑环境、文化和社会的各方面，以实现与周围环境的和谐统一。和谐的设计可以促进人与环境的和谐共生，为人们提供舒适的环境。再次，评价设计的艺术性。这涉及设计的视觉效果，如色彩搭配，线条

处理，形状和结构等。艺术性强的设计能够提升空间的审美价值，为人们提供愉悦的体验。最后，评价设计的适应性。适应性体现在设计是否能够适应现有的环境和条件，是否考虑了当地的气候、地形、土壤和生物等因素。具有高度适应性的设计可以保证其可持续性，并帮助提高生态环境质量。

2. 功能评价标准

功能评价标准要看设计的使用性能，也就是说，设计的空间是否能满足用户的基本需求和期望。这可能包括空间的灵活性，能否适应不同的使用需求，以及是否能提供用户所需的设施和服务。功能评价标准还要看空间的舒适性，如气候条件（如温度、湿度、风速等）、噪声级别、光照条件以及空间尺度等。舒适的环境能够提高用户的满意度，使他们更愿意长期使用这个空间。

3. 文化评价标准

文化评价标准主要是评价景观形态的文化特征和意义，需要看设计是否向用户传达出深刻的信息或故事。园林景观设计不仅仅是空间和功能的设计，更是一种表达形式，能够向用户传达出关于历史、文化和地方特色的信息。此外，还需要看是否能够创造出有意义的、令人记忆深刻的体验。良好的园林景观设计应当能够激发人们的情感反应，提供一种难忘的体验。

4. 环境评价标准

在园林景观设计的评价阶段，环境评价标准关注设计的环保性和可持续性。绿色空间应有助于提升生物多样性，对本土植物和动物的保护至关重要。水资源管理也至关重要，包括雨水收集、降低洪水风险和避免过度灌溉。设计对气候变化的响应也需要评估，如热岛效应的缓解或碳排放的减少。

第四节　园林景观的美学特征

一、园林景观的艺术美

园林景观设计过程是通过对自然环境的塑造、优化和创新，以使环境更为和谐、更具魅力，以及更符合当代社会审美理念的艺术创作过程。因为艺术是对生活的描绘，而生活又是艺术的灵感源泉，这就意味着园林景观艺术的美具有显著的现实性质。从某种程度上来说，园林景观艺术美是自然美和人造美、实体与艺术的结合体，是集合了哲学、心理学、文学、视觉艺术、音乐等的多元艺术美。园林景观艺术美虽源于自然美，但能超越自然美。作为实用与审美并重的艺术形式，园林景观艺术的审美功能常常超过其实用功能，其目标主要是供人们的观赏。

二、园林景观艺术美的来源

（一）园林景观艺术美来自发现与观察

园林景观艺术美往往源自对周围环境的深入探索与细致观察。园林景观设计需要不断寻找、发现与理解自然中隐藏的美学元素，然后通过艺术的方式表达出来。例如，设计师可能会观察自然环境的气候、光线、色彩、材质、形状和纹理等元素，并寻找启发和灵感。

细致的观察不仅能帮助设计师发现具有美学价值的自然元素，还能帮助设计师理解这些元素如何相互作用，如何影响整个环境的感觉和氛围。同时，它可以揭示出环境中存在的问题和矛盾，为改善和优化设计提供方向。例如，通过观察，设计师可能会发现某个区域的绿化不足或某个地方的人行道过窄，进而在设计中进行相应的改善。

（二）园林景观艺术美是在观察后的认识

园林景观艺术的魅力在于设计师运用其独特的方式，运用自然元素，结合科学与艺术的实践，展现出一种美的景观。这不仅需要人们对科学原理和自然规律有深入的理解，也需要人们具备艺术家的创新意识和独特眼光。例如，通过科学研究，人们使牡丹和芍药从药用植物转变为观赏植物，使番茄和马铃薯从观赏植物转变为可食用植物。这些都源于人们对自然的深入理解和科学实践的探索。仅有科学理解还不够，人们还需要具备艺术家的眼光和感知力，通过观察和感知自然，真正理解自然之美，并将其表现在景观设计中。设计师需要具备更广泛、更细致、更科学地去观察，理解和体验自然中的各种对比与变化，如虚与实、动与静、明与暗等。这就需要人们尊重自然，学习自然，发现自然中的美。

园林景观设计师需要通过深思熟虑、提炼、选择，结合社会和生活的需要，创造出现代人喜爱的美景，需要在科学与艺术、自然与人工之间找到独特的美学平衡。

（三）园林景观艺术美来自创作者营造的意境

意境是艺术创作中极为重要的一个元素，它可以使作品脱离具体的形象，提升到更高的精神境地。对于园林景观来说，设计师通过独特的设计手法、材料的选择和布局方式，可以创造出超越物质表象的意境。

在营造意境时，设计师需要有独到的洞察力和想象力。通过对自然的深入理解，寻找并发现自然中的美，并灵活运用到设计中。意境的营造还需要设计师有创新意识，能以艺术家的眼光捕捉和创造美。园林景观设计师要善于将生活经验和社会背景融入设计中。生活是设计的源泉，设计师需要深入生活，敏锐察觉社会变化，营造出富有生活气息和社会意义的意境。

三、园林景观美学特征的表现

园林景观美学特征主要表现在以下几个方面，如图 1-5 所示。

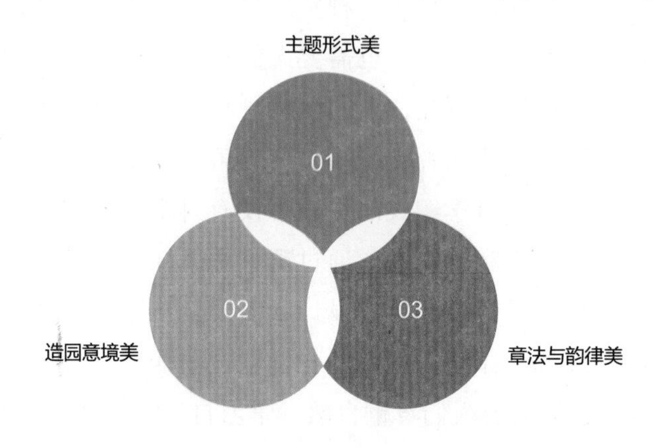

图 1-5　园林景观美学特征的表现

（一）主题形式美

主题是园林景观设计的灵魂，它是设计师对某一理念或情感的表达，既可以是具体的，也可以是抽象的。主题的选择通常受到设计地点的历史、文化、自然环境以及预定使用者的需求和期待等因素的影响。主题的设定应能引导设计的整个过程，形成一种内在的联系和逻辑，使园林景观在满足使用需求的同时，具有审美价值和文化内涵。形式是实现主题的关键，是园林设计师通过选材、布局和细部设计等方式创造出来的物质存在。形式需要符合设计的主题，体现主题的内涵，同时，要考虑到园林的功能和使用者的体验。设计师需要综合考虑空间布局、材料选择、色彩搭配、光线处理等各方面，形成一个既实用又美观、既具有内在联系又各具特色的园林景观。

在实现主题形式美的过程中，设计师需要深入研究和理解设计的背景和目标，发掘设计地点的特性和潜力，挖掘和拓展主题的深度与广

度，然后通过娴熟的设计技巧和艺术创新，创造出独特且富有表现力的形式。

（二）造园意境美

园林的意境主要通过物质形式来营造，包括园林的空间布局、植物配置、建筑元素、水体设计、石材应用等。每种元素都可以是意境的载体，设计师通过巧妙的组合和配置，可以创造出富有诗意和象征意义的景观。例如，一片青翠的竹林可以象征高洁的人格，一条曲曲折折的小路可以引发人们对未来的期待和探索，一座静谧的亭子可以营造淡泊宁静的氛围。营造出这样的意境需要设计师具备深厚的文化底蕴、高尚的艺术情操和敏锐的审美洞察力。设计师需要对自然有深入的理解，对文化有深厚的感情，对人性有深刻的洞察。这样，才能寻找到营造意境的合适手法，将其呈现出来。

园林的意境美让人在观赏景观的同时，可以感受到一种超越物质形态的精神境界。人们在欣赏园林景观的过程中，实际上是在进行情感的交流、思想的碰撞、精神的对话。这让人们在忙碌的生活中得到短暂的宁静和舒适，也让人们在物质世界中感受到精神的滋养和提升。

（三）章法与韵律美

园林景观的章法美指园林景观有独特的秩序感和和谐感，像一部无声的交响乐，由各类元素组合而成，既有统一性又有变化性。树木、花草、山石以及建筑和路径都是组成园林景观的基本元素，被设计师以其独特的美学理念赋予意义和功能。这些元素如同音乐中的音符，独立存在，却又和谐共生。每个元素，无论是大小还是形状，都在空间中找到了自己的位置，它们相互映衬，相互补充具有美感的园林景观。

园林景观经过精心设计，形成一种和谐但富有动态感的视觉节奏。动态的节奏，宛如生命的脉搏，给人一种生动、自然的感觉。例如，水流潺潺，为园林带来生机和活力；亭榭迂回，引人深入，探索其无穷的魅力。静态的节奏，则像是一幅静止的画卷，静静诉说着自然和人文的故事。例如，山石给人一种崇高的美感，花木给人一种和煦的温暖。它们在空间中交织、转换，给人以宁静、深远的视觉享受，形成了园林景观独特的视觉韵律。通过这种动态和静态的交融使园林景观具有生动又深沉的美感，让人在其中感受到生命的力量，体验到自然和人文的和谐共生。

具有章法与韵律美的园林景观像一首诗，像一幅画，像一部音乐，让人在心灵深处感受到美的震撼。

第二章　现代园林景观设计原理与基础

第一节　空间造型基础

在现代景观设计中，形体往往是多样且富有变化的，但实际上，这些各异的形体都可以看成对基本几何形状的削减和添加后的产物。在园林景观空间中，点、线、面、体是基本的造型元素，如图 2-1 所示，理解其特征对于进行园林景观设计至关重要。

图 2-1　空间造型基础

一、点

点在园林景观设计中起到重要的作用。点可以成为视觉焦点，吸引观者的注意力。在园林中，一个独立的雕塑、一个高耸的喷泉或者一棵独特的树木都可以成为突出的点。点的特殊性质，如独特的形状、鲜艳的色彩或者不同寻常的高度，不仅能够吸引人们的日光，使其成为园林景观的亮点，还可以起到引导视线和注意力的作用，设计师可以巧妙地安排点的位置，使其指引人们行进。例如，在景观园林中，设计师可以选择在远处设置一个高耸的观景台或者一座雕塑，以引导人们的目光朝着远方延伸，创造出具有美感的远景和视觉延伸的效果。

点的大小、形状、颜色、质感和位置也会对景观效果产生重要影响。这些因素与点的视觉效果、感官体验和空间功能密切相关，设计师需要综合考虑，以达到设计目标。不同形状的点可以给人带来不同的感受，圆形点给人以平和与温暖的感觉，方形点给人以稳定和坚实的感觉，而不规则形状的点则充满活力和动感。通过选择不同形状的点，设计师可以在景观中创造丰富多样的视觉效果和情感体验。鲜艳的颜色能够引起观者的情感共鸣和兴趣，不同颜色的点可以唤起人们的情感反应，如红色的点可能会引发热情和活力，蓝色的点可能会带来平静和宁静的感觉。通过巧妙运用色彩，设计师可以创造丰富多彩的视觉效果，营造不同的空间氛围，给人带来不同感受。点质感的差异，如光滑、粗糙、柔软或凹凸不平，可以带给人丰富的触觉感受。触摸到具有不同质感的点，观者可以体验到不同的触觉感受，增加他们与景观的互动性和参与感。点的位置还对空间的结构和功能起着重要作用，位于空间中心的点可以成为视觉焦点，反映空间主题，吸引人们的视线。而位于空间边缘的点可以起到界定和引导的作用，帮助界定空间的边界。点的位置还可以影响空间的功能和使用，如位于入口处的点可以引导人们进入空间，位于休憩区的点可以提供舒适和互动的体验。

虽然点在空间中的影响力有限，但是通过精心的设计和布局，可以将点融入整体设计，产生超出单一点能产生的视觉效果。例如，通过点的重复、排列和组合，可以形成线、面，甚至更复杂的空间结构，使空间产生韵律和变化。

二、线

线是一种强有力的设计元素，它在空间中创造方向，定义形状，引导视觉，乃至决定人们在场所中的行走路径。它可能以实体形式出现，

如道路、水流、树排，也可能作为虚拟元素存在，如视线、阳光照射的轨迹等。线的性质多样且复杂。它可长可短，可直可曲，可粗可细，每种变化都会产生不同的视觉效果。一条直线强烈而明确，它可以将观者的视线引向远方，而一条曲线则柔和、自然，引导人们视线随着曲线移动，享受每处变化带来的新的感知体验。

对于线的运用，典型的例子是中国古代的曲径。曲径的设计通过空间的曲折和变化，为游人带来一种探索和发现的感觉。游人每走一步、每转一个弯，都会有新的景致出现，使游览过程充满了惊喜和期待。曲径的弯曲和转折不仅增加了游览的趣味性，还为游人提供了与环境互动的机会。在曲径的引导下，游人可以通过步行的方式感受园林的细微变化，感知植被的触感，闻到花草的芬芳香气，甚至听到鸟儿的歌唱。这种亲身体验使游人与园林环境产生更深的情感联系，增加了感知的丰富度。

线也可以用来定义空间的形状和结构，为整个空间提供框架和结构。例如，长廊的线条定义了长廊的形状和方向，河流的线条界定了河流两岸的空间。这些线条不仅在视觉上创造了空间的界限，也影响了空间的使用和感知。此外，线的设计还可以结合景观的其他元素，比如，将曲线路径（线）与树木（点）结合在一起。一条蜿蜒的路径可以引导游人在园林中穿行，而两旁种植成排的树木则形成了视觉上的点，这样的组合既创造了动态的视觉节奏，又保持了整体的静态视觉平衡。路径的曲线性质与树木的垂直线性形态相互呼应，使整个景观显得有机而和谐。路径的曲折和树木的排列为游人提供了一种与环境互动的机会，他们可以感受到不同树木带来的阴凉和绿意，同时，可以欣赏到路径的变化和景观的变化。又如，光线（线）与草地（面）的结合。明亮的光线穿过一片开阔的草地，形成了强烈的对比。光线的线性特征与草地的平面特征形成鲜明的对比，形成丰富的空间光影变化。这样的组合为游人创造了丰富的视觉体验，他们不仅可以感受到光线的变化和草地的起伏，也可以感受到光影的变幻和空间的变化。

三、面

面是指线移动的轨迹，和点、线相比，它有较大的面积，很小的厚度，因此，具有宏大和轻盈的表情。[①] 面可以被看作一个开放或封闭的二维空间，其在园林景观中具有分隔和连接的作用，同时，也是构成空间结构、形状和节奏的重要组成部分。

面可以是具象的，如广场、草坪、水面，也可以是抽象的，如视野范围、光影分布区域等。它们的特征，如大小、形状、颜色、纹理和方向，都会影响空间给人带来的视觉感受和体验。例如，大面积的开放空地可以给人视野开阔的感受，而密集植被覆盖的地面则会给人安全和被庇护的感觉。面的形状可以是规则的，如矩形的广场，也可以是不规则的，如曲线形状的池塘。规则的形状给人以清晰、稳定的印象，而不规则的形状则给人以动态、自然的感觉。其形状的选择取决于设计师的意图和环境的需求。面的颜色和纹理可以通过改变材料、植被类型或照明条件来调整。亮色和粗糙的纹理可以使面看起来更大，而暗色和细腻的纹理则会使面看起来更小。此外，颜色和纹理也可以用来引导人们的注意力或路径。

关于面的运用，主要反映在以下三个层面。

（一）顶面

景观空间中的顶面实际上是人们在环境中感知的“上”空间。为了达到创造舒适环境的目标，设计师在顶面设计上需要充分利用和考虑自然元素和人工结构。

顶面以蓝天白云为背景，视野无比开阔，使人感到自由和开放。这样的环境对于空间轻松和宁静氛围的营造有着重要的影响。无论是在城市公园中的空旷草坪，还是在乡村田野的宽广地带，都可以观察到这样

① 王红英，孙欣欣，丁晗．园林景观设计 [M]．北京：中国轻工业出版社，2021：62.

的顶面。在阳光充足的日子里，蓝天白云构成的顶面给予人们欢乐和活力。在一些需要提供阴凉或保护的环境中，浓密的树冠构成的面则更为理想。树冠不仅能阻挡阳光，降低环境温度，提供清凉，还能为人们提供一个静谧而亲近自然的空间。对于亭、廊等人工建筑物，其顶面设计通常会考虑到安全、美观和功能等，如亭的顶面常常设计为能抵挡风雨、遮阴的顶面，廊的顶面则常常配合两侧的柱子，形成通道，引导行人通行。亭、廊的顶面运用彩绘、雕刻等装饰，也可以展现特定的文化。

（二）围合面

垂直的墙面和护栏是最常见的围合面形式，它们将空间准确而清晰地进行分隔，使空间有明确的边界和方向。它们可以起防护、保护作用，也可以作为装饰。用材质、颜色、纹理和造型等手法，可以丰富墙面和护栏的视觉效果，提升空间品质。

树屏和柱子排列形成的虚拟面则有着不同的魅力。它们的围合并不严密，既保留了一定的视线通透性，又使空间具有围合感。它们可以引导视线，创造出丰富多变的空间序列。尤其是树屏，还可以形成植物景观，增加空间的舒适度和吸引力。

地形起伏也可以形成空间。不同的地形高差可以创造出丰富的空间效果，如高处的观景台等。通过高差的变化，可以给游客带来多种多样的视觉体验和心理体验。

（三）基面

铺地作为最常见的基面形式，可以有多种材质和颜色，如石材、木材、水泥等。通过改变铺地材料，可以使空间具有不同的气氛和风格。比如，石材铺地可以营造庄重古朴的氛围，木材铺地则可以营造温馨自然的氛围。

草地是另一种常见的基面形式，它能作为景观装饰空间，让人感觉舒适宜人。同时，草地可以为人们提供休闲活动的场所，人们可以在草地上野餐、踏青等。

水面作为基面，则可以为空间带来静谧平和的氛围，引发人们的无尽想象。例如，平静的湖面或许可以让人想起夏日的凉风、冬日的冰花。

四、体

体在园林景观设计中，作为具有实质性和空间性的元素，直接影响空间带给人的视觉感受和人在空间中产生的实际体验。体通常具有明确的高度、宽度和深度，这使其在园林空间中占据主导地位。体既可以是自然的，如山、石，也可以是人工的，如建筑、雕塑等。

第二节　空间的限定手法

园林景观设计，本质上是环境艺术的一种形式，也被称为“空间艺术”，其主要目标是创造一个宜人的户外休闲空间。园林景观的具体表现方式，大致上来源于空间的构建和整合，这种空间的定义使这种创造成为可能。所谓的“空间定义”，就是利用各种空间造型技巧对原有的空间进行划分，进而塑造出各式各样的空间环境。景观空间可以理解为在视野之内，由植被、地貌、建筑、岩石、水体、铺装道路等构成的景观区域。空间限定手法主要包括围合、覆盖、高差变化和地面材质的变化等。

一、围合

上一节对围合面做了介绍，本部分主要介绍空间围合感受的影响因素，包括以下几个方面，如图 2-2 所示。

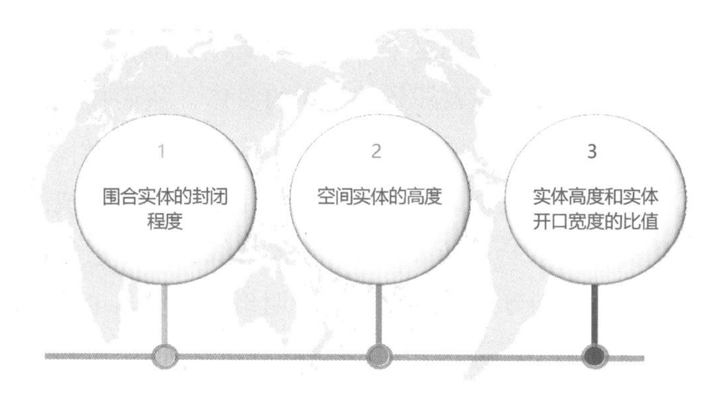

图 2-2　空间围合感受影响因素

（一）围合实体的封闭程度

当只有一面被封闭时，空间的围合性就相对较弱，它可能只能提供一种沿边缘的感觉，更多地，它可能只是一种空间划分的暗示。然而，当封闭的面积超过一半时，空间的围合感就会显著增强，形成一个相对明确和安全的环境。在设计中，人们需要根据特定的需求选择合适的围合程度。例如，如果设计目标是创造一个私密而安静的环境，那么就可能需要较高的围合度；而如果设计目标是提供一个开放而活跃的环境，那么就可能需要较低的围合度。因此，对于围合程度的选择，不应该只是按照一种固定的标准，而应该结合实际情况进行考虑。

（二）空间实体的高度

空间实体的高度影响人在空间中活动时产生的感受。以墙体为例，不同高度的墙体会使人们产生不同程度的空间限定感和封闭感。

一个高度只有 0.4 m 的墙体的主要功能可能只是对区域的简单限定和暗示，封闭性相对较弱。这种墙体很容易被人们穿越，通常被设计成与休息座椅相结合的形式，更多地起到一种装饰和标示的作用。当墙体高度提升至 0.8 m 时，空间的限定程度相对提升。对于儿童这个特定的人群而言，这个高度的墙体已经能够产生相当强的封闭感，因此，在儿童活动区的设计中，常常使用这个高度的绿篱作为围栏。墙体高度提升至 1.3 m 时，已经能够遮挡大部分成年人的身体，从而在人们心中营造安全感。人们如果坐在墙后的椅子上，整个人几乎会被遮住，这种设计的私密性较强。因此，这个高度的绿篱常常用于划分空间或围合独立区域。当墙体高度达到 1.9 m 或以上时，人的视线会完全被挡住，空间的封闭性极强，区域的划分也因此变得十分明确。同等高度的绿篱能达到相似的效果。

（三）实体高度和实体开口宽度的比值

实体高度（H）和实体开口宽度（D）的比值也在很大程度上影响着空间的围合感。当 D/H<1 时，空间犹如狭长的过道，围合感很强；当 D/H=1 时，空间围合感较前者弱；当 D/H>1 时，空间围合感更弱，而且随着 D/H 增大，空间的封闭性也越来越差。[①]

二、覆盖

覆盖是一种空间限定方式，它的特点是空间的四周开敞，顶部则由某种构件限定。其限定空间的方式类似于在雨天撑伞，伞下形成了一片与外界截然不同的限定空间。

覆盖可以通过两种方式实现，一种是从上面悬吊覆盖层，另一种是从下面支撑覆盖层，它们对于空间的创造和界定都起到了关键的作用。比如，广阔草地上的一棵大树，它的茂盛的树冠犹如一把巨大的伞，覆盖树下的空间，人们可以在树下聚集，进行聊天、下棋等活动。大树的存在使树下的空间与其周围环境区别开来，为人们提供了遮阳避雨的场所。又如，单排柱花架或单柱式花架顶棚上攀缘着观花蔓木，通过覆盖的方式创造了空间，顶棚下方形成了一个清净、宜人的休息环境，这与周围开敞的环境形成了鲜明的对比。花架不仅为人们提供了一个封闭的

① 王红英，孙欣欣，丁晗．园林景观设计 [M]. 北京：中国轻工业出版社，2021：65.

空间，同时，使这个空间具有了一种独特的气氛。

三、高差变化

地面高差变化在空间设计中是一种常用的手法，它可以塑造上升或下沉的空间，丰富空间的层次，并强化空间的分离性。当地面局部抬高，形成上升空间时，周围环境的边缘即可定义出一片新的小空间。这种局部上升的空间通常具有视觉上的突出性和明显的空间独立性。例如，舞台就是一个典型的上升空间，其抬高的基面和明显的边缘限定了舞台空间的范围，使其在视觉上脱离了周围的环境，成为人们视线的焦点。上升空间和周围环境之间的视觉联系程度与基面抬高的高度有直接关系。当抬高程度较低时，上升空间与周围环境构成了一个整体，拥有极强的连贯性；当抬高程度适中，即抬高高度略低于视线高度时，虽然视觉上的连续性仍旧保持，但空间的连续性已经发生了断裂；当抬高程度较高，超过视线高度时，那么整个空间从视觉上和空间上都被分割为两个独立空间。相反，下沉空间是指基面的一部分下沉，形成了一个明确的空间范围。在这样的空间中，垂直的边缘界定了空间的界限，使空间产生更强的私密性和独立性。这种下沉的空间在设计中也非常常见，如露天剧场就是利用下沉空间进行设计的。

这种通过地面高差变化来限定空间的设计手法，丰富了空间的层次，强化了空间的独立性，并根据实际需求，使空间具有更好的视觉效果和使用功能。它不仅能够引导人们的视线和行动路径，还能营造不同的环境氛围，为人们带来更丰富的感知体验。

四、地面材质变化

通过地面材质变化，可以有效地划分景观空间，而且通过材料的选择和应用，可以为空间增添独特的视觉和感观特质。改变地面材质不仅可以描绘空间的边界，也能强化空间的使用性质，使每个空间都具有独特的身份。

地面材质的选择应考虑其耐久性、适应性、美观性以及空间设计的主题。例如，人行道可能需要硬质、耐磨的地面材质，如混凝土或石材，以保证其耐用性。柔软的草坪或地被植物可能更适合人流量低、用于休闲的空间，这种地面材质带来的触感和色彩都能营造休闲和放松的氛围。地面材质的改变可以揭示空间的变化和过渡。例如，石材铺设的路径突然变为木质的走道，可以昭示着景观从正式的入口区域转向更自然的区域。这种材质变化有时候可以更直观地引导人们前进，甚至比明显的标识更有效。地面材质的选择还能反映出空间的功能性和社会性。例如，在公共空间中，易于清洁和维护的硬地面是首选，而在私人花园或后院中，柔软的草皮或多孔的砖块可能更受欢迎。在儿童游乐区，考虑到其安全性和娱乐性，可能选择具有弹性和色彩鲜艳的地面材质。

此外，地面材质的变化也可以用来强化设计的主题。历史主题的空间常常会选择老石材作为地面材质。老石材有自然磨损的痕迹，它们的质感和纹理可以唤起人们对历史的回忆和感慨。在历史主题的园林中，老石材的运用可以营造古朴、庄重和沉静的氛围，让人们感受到历史的厚重和传统的价值。现代主题的设计通常会使用平滑、纯色的地面材质，这些材质与现代设计理念相契合。例如，使用抛光石材、混凝土或瓷砖等材料可以形成平整、光滑的地面，强调几何形状和线条的简洁美感。这样的地面材质与现代建筑和景观元素相互呼应，体现现代主题，营造简约、时尚和清新的空间氛围。

第三节　空间尺度比例

空间尺度比例要素主要包括四种，如图 2-3 所示。

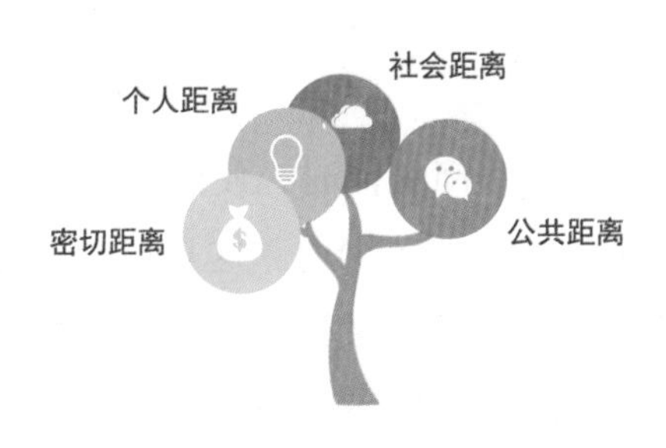

图 2-3　空间尺度比例要素

一、密切距离

密切距离适用于个体间的亲密互动，如耳语，一般为 0.15 m 到 0.45 m 的范围。在这个空间尺度内，个体可以清晰地察觉到对方细微的面部表情变化，甚至可以感受到对方的呼吸，这个距离适用于非常亲密的人（如爱人、亲密的朋友或亲属）之间的互动。在公共环境中，这样的空间尺度可能被认为是侵入性的，除非在某些特定的环境中，如在医疗环境中，医生需要进行近距离的检查和治疗。

在园林景观设计中，空间尺度可以被设计为鼓励或限制特定类型的互动尺度。例如，在情侣公园的设计中，可能会创造一些适于两个人近距离互动的空间，如提供双人座椅或半封闭的亭子。同样，某些具有互动性的艺术装置也可以被设计成这种尺度，让人们可以近距离接触和感知。在确定空间尺度时，设计师应当留意空间的私密性和舒适度，应考虑到不同文化背景和社会规范下的人，以及有着不同个人习惯的人对空间的感知和舒适度的差异，这样才能创造出满足各种用户需求的空间。

当然，密切距离并不适用于所有的园林景观设计，设计师需要根据具体的设计目标、用户群体和空间环境来确定合适的空间尺度。对于那些需要提供更广泛的社交机会或鼓励互动的设计，可能需要选择更大的空间尺度。无论如何，设计师都应始终注意在满足空间功能性和实用性要求的同时，使其既安全又舒适。

二、个人距离

个人距离是指在人与人之间交流时，使人们感觉舒适和不被侵犯的距离，通常在 0.45 m 到 1.2 m 的范围内。这是在大多数社交中使用的空间尺度，包括日常对话、非正式会议和非亲密的社交活动。在这个距离范围内，人们可以清楚地看到并理解他人的面部表情和肢体语言，同时，不会感到过于亲密或受到侵犯。

在园林景观设计中，个人距离的概念被用于创建人性化的社交空间。例如，在公园或户外休闲区，设立适当距离的座椅，可以鼓励人们进行交谈。在步行道、小径的设计中，也可以考虑采用这个空间尺度，让人们在移动或停留时都能保持适当的个人空间。个人距离的设计也反映在对行人流动性的考虑上。在空间设计中，需要确保人们可以在保持个人距离的同时，自由地在空间中移动。这需要设计师仔细考虑空间的布局和配置，如避免在人流量大的区域设置障碍物，为大型活动提供足够宽敞的空间。

三、社会距离

社会距离通常在 1.2 m 到 3.6 m 范围内。这个距离适用于更正式或不太亲密的交流，如商务会议、公共演讲或正式活动。在这个距离范围内，人们可以清楚地听到对方的话语，同时，保持了一定的距离，以维持一定的正式性和尊重。

在园林景观设计中，社会距离尺度常用于设计公共空间，如会议室、展厅、礼堂或其他集会场所。这些空间需要足够大，以容纳较多的人，并允许人们保持适当的社会距离，以便进行有效的交流和活动。例如，在会议室的设计中，可能需要确保每个参会者的座位间距都能满足社会距离的要求，以使每个人都能舒适地参与讨论，同时，确保每个人的安全和健康。在设计展厅或礼堂时，可以设置固定的座位，以确保参观者之间保持合适的距离，并提供明确的行走路径来引导人流。适当的标识

和指示牌可以提醒人们保持社交距离，确保他们遵守安全规范。

此外，社会距离也影响到园林中的路径和通道设计。为了满足社会距离的要求，路径和通道的宽度需要足够大。这样，人们在行走时能够与他人保持一定的距离，避免相互接触。尤其是在人流量大的公共空间中，如公园、广场或商业区，宽敞的路径和通道能够有效地分散人流，减少人员聚集和拥挤现象的发生。设计师还可以考虑在路径和通道中设置分隔物或者绿化带，以帮助人们保持社交距离。例如，可以在路径的一侧设置固定的矮墙、花坛或树木，这些分隔物既起到装饰的作用，又可以遮挡视线，引导人们沿着特定的路径行走，从而避免相互靠近。

四、公共距离

公共距离是超过 3.6 m 的距离，通常在大型公共活动或开放空间（如演讲会、音乐会或公园）中需要考虑公共距离，因为这些空间不仅要容纳大量的人，还要保证人们在听讲或欣赏表演时，有足够的空间进行活动。

在园林景观设计中，公共距离尺度的运用尤为重要。公园、广场、开放的庭院或者广阔的草坪等公共空间的设计，必须考虑到公共距离的要求。例如，在设计一个公园时，设计师需要规划足够大的开放空间，以满足人们进行集体活动或大型活动的需求。这些空间不仅需要容纳大量的人，也要让人们有足够的空间进行各种活动，如散步、跑步、做瑜伽等。又如，当设计一个音乐会场或演讲厅时，设计师不仅要考虑舞台和观众席的设计，还要保证设计满足公共距离的要求。观众席的座位间的距离、通道的宽度、入口和出口的位置等，都需要充分考虑到公共距离的需求，以保证人们可以顺畅进出，并在活动过程中有足够的空间。

第三章　园林景观要素的设计与表现

第一节　水景要素

一、水景的分类

园林景观中的水景元素具多样性，本书根据水的动静状态，将水景分为静水景观和动水景观。

（一）静水景观

静水景观是指水在静止状态下呈现出的景观，如湖泊、池塘、水面倒影等。静水景观的存在为园林营造一种宁静、平静的氛围。平静水面让人感到安静与宁和，可以缓解压力、平复心情。静水的特性使园林成为一个理想的场所，供人们放松身心、静思和欣赏美景。静水水面可以反射周围的景物，将园林景观倒映在水中，创造一种幻影般的景观。这种反射增加了景观的层次和丰富度，也为观赏者带来一种独特的视觉体验。

（二）动水景观

动水景观包括瀑布、喷泉、溪流等。动水景观通过水的流动和水流动的声音，营造一种舒适宜人的环境氛围。瀑布的水流从高处倾泻而下，形成壮观的景象；喷泉的水柱不断升降喷射；溪流沿着曲折蜿蜒的河道

流淌，这些流动的水为园林带来了一种动态的美，使人们能够放松下来。水声既具有节奏，能增添园林的魅力，还能够让人忽略环境中的噪声，创造愉悦的氛围。动水景观的多样化形态同样能够丰富园林的视觉效果，瀑布的水流从高空跌落，形成水花四溅的壮观景象；喷泉的水柱在不同的喷射方式下呈现各种形状；溪流沿着曲折的河道流淌，产生一种柔和而流畅的动态美感。这些不同形态的水体活动能够吸引游人的视线，激发游人的好奇心和想象力。水的流动和水花的喷洒给园林增添了一份活力和魅力，使人们能够在其中感受到自然的美妙和生命的活力。

除此之外，动水景观也能够对园林气候产生一定的调节作用。水体的流动和喷射可以增加空气湿度，改善周围的微气候，使空气更加清新和宜人。尤其在炎热的夏季，瀑布的水流和喷泉的喷射能够带来凉爽和清凉的感觉，给人们带来一份舒适和宜人的体验。

二、水的景观特性

（一）高度动态性

无论是溪流，还是飞瀑、喷泉，其动态的特性都给园林带来活力，使整个空间生动而富有韵律感。动态水景还能为环境增加声音元素，如潺潺的水流声，可以带给人们宁静、放松的感觉。

（二）映照性

平静的水作为一面镜子，能够映照出园林中的美丽景色，使整个空间景色更加丰富多样。当水面平静如镜时，它能够完美地映照出周围的景色和天空，形成一种如画般的景象。这种映照效果不仅使园林景观在水中呈现出别样的美丽，也为观赏者提供一种独特的观看角度和观赏方式。映照性还能丰富景观的层次，通过水面的反射，景观在视觉上得以扩展，形成一种虚实相间、交相辉映的效果。观赏者可以同时欣赏真实的景观和其在水中的倒影，获得独特的视觉体验。水的映照性还能够使园林空间比感知的大，使整个景观显得更加宏伟和广阔。

（三）透明性

水的透明性使水下的景观成为园林设计中要考虑的一部分，因为水清澈、透明，人们可以欣赏到水中的鱼类、水生植物和其他水生生物。例如，在池塘或水池中养鱼，观赏者可以透过水看到鱼儿在水中游动的姿态。又如，在池塘中种荷花等，人们可以看到水上和水中荷花的姿态，欣赏其美丽和独特之处。水的透明性不仅使观赏者可以观察水下的生物，也增加了景观的层次和深度，水的透明性使园林景观具有深远的视觉效果，使整个景观显得更加丰富和立体。水上的景色和水下的景观交相辉映，为园林增添了一份神秘和吸引力。

三、水景设计的原则

（一）尊重自然

在水景设计中，尊重自然意味着设计师应该深入研究和了解当地的水生态系统，包括水体的形态、水流的规律、水质的特征等。设计师需要根据这些自然特征模拟和恢复自然水环境，以确保水景与周围自然环境的协调和融合。水流在自然界中具有一定的规律性，包括流速、流向、水流的分支和交汇等都有其规律，设计师在设计时要遵循规律。在水景设计中，设计师应该根据当地的地形、地势和水体的特点，合理安排水流的形态等，使之符合水流规律。

（二）功能与美感并重

设计师需要根据场地的特点和用途确定水景的功能。例如，在设计池塘时，池塘除了作为景观元素外，还可以兼具灌溉功能，为周围的植物提供所需的水源。在满足功能需求的基础上，要注重水景的美观性。水景设计应该根据场地的特点和整体风格，选择合适的水体形态、水景

元素和植被搭配方式，以创造出令人愉悦的视觉效果。通过合理的水景布局和景观元素的选择，可以营造出和谐、富有变化和层次的水景，为观赏者带来美的享受。

（三）考虑安全性

深水区域对于不会游泳或不擅长游泳的人来说可能存在风险。设计师应该合理划定水景区域，确保水深适宜，并在需要的地方设置明确的警示标志或栏杆，以提醒人们注意安全。此外，还应该合理设置安全设施，设施包括但不限于安全栏杆、护栏等。这些设施能够起支撑和保护作用，降低人们在水景区域的意外伤害风险。

（四）灵活多样

水景设计的灵活多样性使设计师可以运用不同形式的水景元素，如喷泉、水幕、瀑布等，创造丰富多样的水景效果。这些水景形式可以根据设计需求进行调整和变化，为园林景观增添活力和魅力。通过水景的变化，设计师能够让人们获得独特而难忘的水景体验，为人们带来美的享受。

（五）注重维护

设计的水景要易于清理，如使用易于清洗的材料构建水景结构，如玻璃、陶瓷或耐腐蚀的金属，这些材料不仅容易清洁，还能减少污垢和水垢的积累，保持水景的清洁和亮丽。要合理选择过滤系统、循环系统和水质调节设备，以保持水景的水质清洁。定期检查和清理水质处理设备，并根据需要进行水质调节和维护，以确保水质符合卫生标准，避免水体变浑浊或产生异味。

（六）环保节能

在水景设计中，要尽量采用节能和环保技术，如通过设计合适的雨水收集系统，可以收集和利用降水，减少对自来水的依赖。收集到的雨水可以用于循环系统水的补充和水质调节，达到节水的目的。可以采用水的循环使用技术，通过循环系统，对水景中的水进行循环利用，减少对自来水的消耗。

（七）照明效果

在水景设计中，通过选择适当的灯光色温和色彩组合，如温暖的黄色或冷静的蓝色，可以为水景增添温馨或神秘的氛围。设计师也可以运用投光灯、水下灯、景观灯等不同类型的灯具，将光线照射到水景的不同部分。投光灯可以照亮水景的远距离景观，如瀑布或喷泉；水下灯可以照亮水中的水生植物或鱼类，增加水景的层次感；景观灯可以照亮水景周围的环境，取得整体统一的照明效果。

（八）季节变化

可以选择不同季节的观赏植物装饰水景。例如，在春季，可以选择在春季开花的植物，如樱花或杜鹃花，为水景增添春天的色彩和生机；在夏季，可以选择绿色植物和多年生花卉，如莲花，营造宜人的夏季景观；在秋季，可以选择具有丰富色彩的落叶植物，如枫树或银杏树，营造美丽的秋天景观；在冬季，可以选择在冬季具有观赏性的植物，如梅花、山茶花，营造冬季的景观。也可以考虑水景结构的变化和适应不同季节的需求，如在夏季炎热的时候，可以设置喷泉或人工瀑布增加凉爽感；在冬季寒冷的时候，可以考虑在水景中增加温泉或温暖的热水池，使景观小气候宜人。

（九）参考当地文化

水景设计要结合当地的文化和习俗，可以从当地的传统建筑、艺术和手工艺品中汲取灵感。例如，可以借鉴当地传统建筑的特点和元素，如琉璃瓦、檐角雕刻等，将其运用在水景的建筑结构或装饰中，营造具

有浓厚地方特色的水景；也可以考虑在水景中融入当地的传统图案和符号，如民俗图案、神话故事中的图像等，增加水景的文化内涵，让人们在欣赏水景的同时感受到当地独特的文化氛围。

（十）尊重地形

水景设计要充分考虑地形，如对于地势较低的地方，设计师可以考虑将其设计为静水景观，如池塘或湖泊。这样可以充分利用地形创造水景，为园林增添平和、恬静的氛围。对于地势较高的地方，设计师可以考虑利用地势的高差，将其设计成瀑布或溪流，为园林增添活力和动感。

四、水景设计要点

（一）驳岸形式

水景的完美展现离不开驳岸的设计。驳岸设计在水景构建中十分重要。驳岸主要分为硬质驳岸和软质驳岸两种类型，两者各具特色，应针对项目需求挑选合适的驳岸形式。

硬质驳岸指的是外部覆盖以坚硬材料的驳岸，如利用混凝土或不同类型的石材构建的驳岸，其在视觉上呈现刚硬的质感。软质驳岸指利用景观石、木桩、沙滩、草地等构建的驳岸。尽管在结构上使用了硬质材料，但若其在外面被自然元素掩盖，则仍将其归类为软质驳岸。

（二）防水设计

防水设计涉及从源头阻止水分的渗透，以保护各种结构免受破坏的相关策略和技术。在防水设计中，选择正确的防水材料至关重要。防水材料需要根据具体的使用环境和条件选择，如混凝土结构或者石材的应用环境。防水层通常应用于水体与其周围环境接触的地方，如水池的底部和侧面，以阻止水分的渗透。在设计防水系统时，排水设施的设计也不容忽视。应设计有效的排水系统，以便在紧急情况下，如在下暴雨或者水管破裂时，能够迅速排出多余的水，防止水溢出造成的可能损害。

（三）水质净化

在设计中，要特别注意水源的质量，特别是当使用地下水或者表层水作为水源时。这些水体可能含有杂质，因此，需要通过过滤或其他处理方法进行净化。水质的维护也十分重要，尤其是对于长期存储的水体。水循环系统可以帮助水景中的水保持良好的水质。此外，定期清理水体底部的沉积物也可以防止有害物质的积累。植物在水质净化方面也可以发挥重要作用。在设计中，可考虑引入一些水生植物，它们可以吸收水中的有害物质，释放氧气，为水体提供清洁能力。如果水景中有鱼类或其他水生生物，更应注意维护良好的水质，需要定期检查水质参数，如pH、氮和磷含量等，以确保生物的健康生存。

五、水体的表示方法

水体平面图常用的表示方法包括填充法、等深线法、线条法。[①]

填充法就是使用图案填充表示水体，一般选择直排线条图案表示水面的波纹效果，如图 3–1 所示。

等深线法就是使用拟合多段线沿池岸走向绘制类似于等高线的等深线表示水面区域的方法。线宽从外到内逐渐变细，颜色也可有变化，如图 3–2 所示。

线条法就是在水面区域绘制长短不一的短直线或波浪线表示水体，如图 3–3 所示。

---

① 徐景文. 计算机辅助园林景观设计：AutoCAD 篇 [M]. 武汉：武汉理工大学出版社，2021：50.

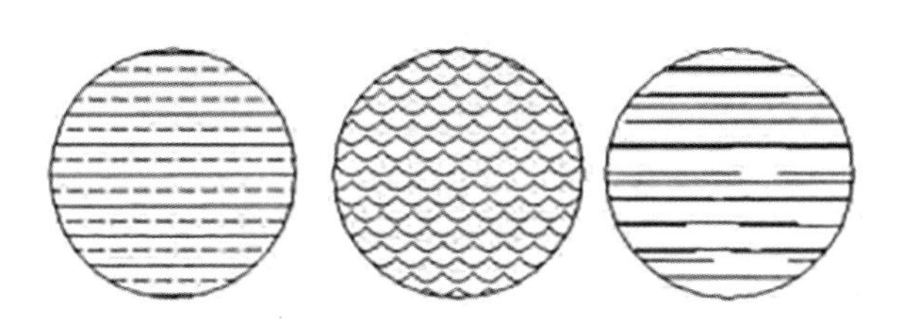

图 3-1　填充法表示水体

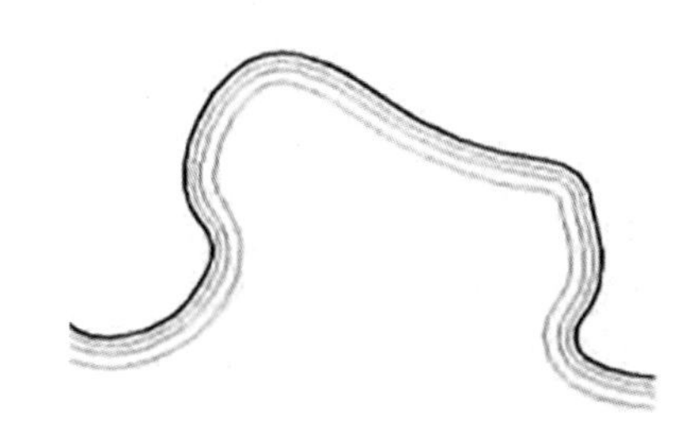

图 3-2　等深线法表示水体

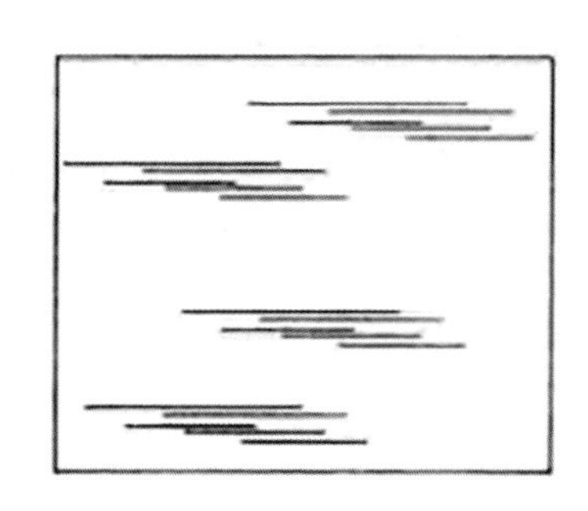

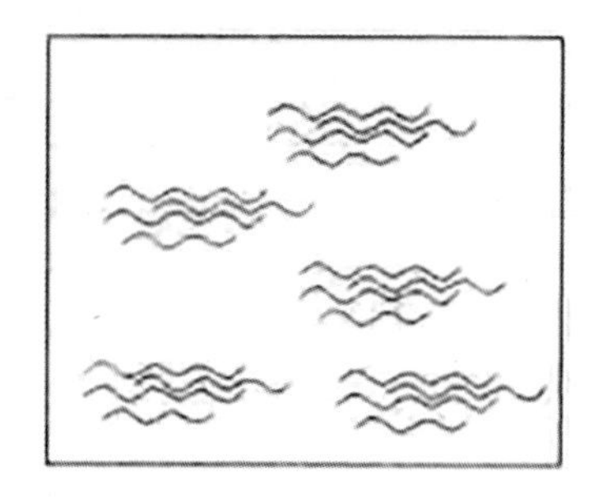

图 3-3　线条法表示水体

水体立面图多用于瀑布立面大样图的绘制，采用线条法进行绘制，使用直线或多段线折线绘制不同形式的立面水纹大样。采用长短、疏密不等的直线排列表示水帘形的规则式瀑布，如图 3-4 所示。采用多段线折线表示水流经过岩石分流所形成的自然式瀑布，较好地表现出水流的变化特点，如图 3-5 所示。

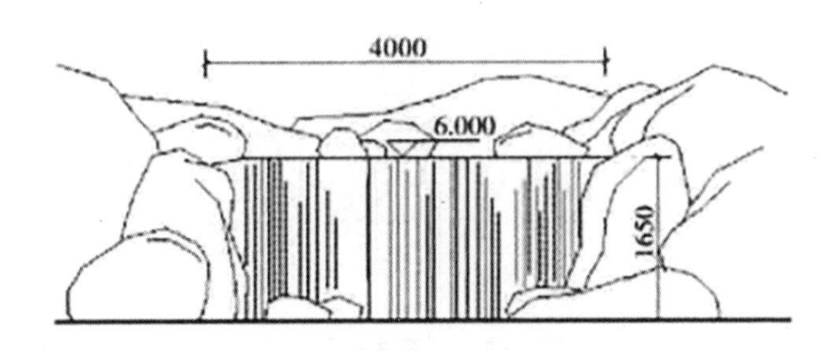

图 3-4　采用直线排列的瀑布立面大样图

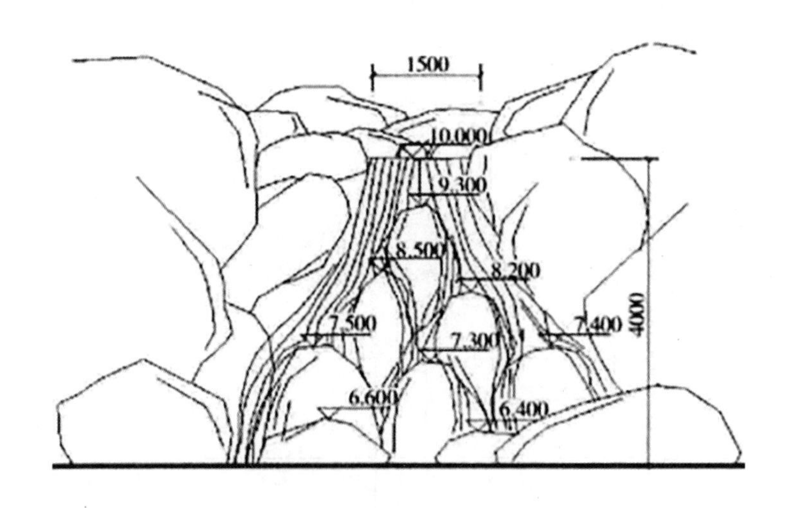

图 3-5　采用多段线折线表示的瀑布立面大样图

第二节　山石要素

一、山景的寓意

山景常常象征着自然和野性的力量，毋庸置疑，山体是大地的骨架，是自然界中最为庞大且最能表现力量的存在之一。因此，山景往往被用

来体现一种原始、未经雕琢的美，以及自然之力的强大和不可抗拒。山景在许多文化中被视为圣洁和崇高的象征，如在中国的优秀传统文化中，山被视为“地之骨”，具有神圣的地位，同时，山也被视为“仙人居住之所”，代表着超脱和至善。因此，在园林设计中，山景的设计常常与此类文化寓意相结合，赋予空间更深层的精神内涵。山景也象征着稳定和持久。无论风吹雨打，山始终屹立不倒，因此，在许多文化中，山被认为是永恒不变的存在，常被用来象征坚韧不拔的精神。在园林设计中，通过巧妙地运用山景，设计师可以传达出一种坚定和永恒的感觉。

但是，山景的寓意并不是固定不变的，而是随着文化背景、历史时期和设计师的意图而变化的。因此，理解并掌握山景的寓意是一个富有挑战性但又至关重要的任务。设计师需要结合实际环境和项目需求，适时适地地运用各种寓意，以创造出富有内涵、引人深思的园林空间。

二、山石审美

山石具有独特的审美价值。它们不仅以自身独特的形状、质地和色彩吸引着人们的目光，也通过与周围环境的互动，创造出丰富多样的视觉效果。

山石的自然形态本身就是美的源泉，无论是嶙峋怪异的山石，还是平滑光滑的溪石，其形态都具有自然之美。它们的形状、质地、色彩，甚至微小的纹理和裂纹，都是独一无二且令人赞叹的。山石以其独特的方式与环境互动，为园林景观增添了动态美。例如，阳光投射在山石上，光影在山石表面产生变化，使山石呈现出丰富的层次；雨水滑过山石，会在山石表面留下独特的痕迹，让山石呈现出不同的视觉效果。又如，山石在园林景观设计中的运用，往往能创造出具有极高艺术价值的景观。设计师会利用山石的自然形态和特性，创造出种种具有艺术感的视觉效果。例如，可以通过对山石进行组合与布局，塑造出各种富有张力的空间形态，引导人们的视线和步行路径；也可以通过山石表达各种寓意和主题，从而赋予园林空间深厚的文化内涵。

三、山石景观的设计原则

（一）体现文化性原则

在园林景观设计中，应用山石元素的绝非简单地堆砌和排列山石元素，而需要体现出深厚的文化内涵。这是因为山石不仅是大自然的造物，也是人类文化的载体。从古至今，无论是东方还是西方，山石都以其独特的形态和特性，深深地融入了人们的生活和文化之中。

体现文化性原则意味着山石景观的设计需要根据不同的文化背景和主题来进行。例如，在中国的园林景观设计中，山石常常被赋予各种象征意义，如峻岭峭壁象征着坚韧不屈的品格。设计师通过对山石的巧妙布局和塑造，让人们在欣赏美景的同时，能体会到景观蕴含的深厚文化内涵。文化性原则还要求山石景观设计需要与山石景观所在地的环境和历史背景相协调。每个地方都有其独特的历史和文化，设计师需要深入了解和研究，才能创造出与之相适应的山石景观。例如，某个地方如果有山石崇拜的传统，那么在该地的园林景观设计中，就可以考虑创造具有祭拜性质的山石景观；如果某个地方有采石文化，那么就可以通过展示各种石材的采集和加工过程，创造具有教育性和纪念性的山石景观。在体现文化性原则的同时，山石景观设计还需要注重创新。每代设计师都有责任去创新、去挖掘和发现山石新的审美价值和文化价值，从而使山石景观设计始终保持活力和魅力。近年来的石景新形式有装饰壁画、雕塑（圆雕、浮雕、透雕），结合场所环境来营造景观，有的将石质材料和其他材质相结合，有的融入其他的现代科学技术手段，充分体现了园林“石文化”的生长性。① 本书将在设计中体现山石景观文化性原则所能借鉴的古今手法与方式比较进行了总结，如表 3-1 所示。

---

① 张颖璐．园林景观构造 [M]. 南京：东南大学出版社，2019：31.

表3-1　山石景观文化性原则古今手法与方式比较

借鉴方面	传统方式	现代方式
石材选用标准	皱、瘦、漏、透、丑	形、色、质、纹
题材来源	自然山水画	多艺术领域
石材的应用形态	天然石材	天然石块或经雕琢
针对文化人群	文人上层阶层	大众阶层
应用场所	中小尺度空间	大尺度空间
文化传递形式	抽象含蓄	多技术、多视角
技术与表达	视觉形态美	形态结合声、光、电、雾等

（二）体现美学性原则

1. 形态美学

形态是山石自然之美的最直观体现。设计师需要根据景观主题和环境背景，精心挑选和组合山石，以创造出丰富多变、生动形象的景观形态。山石的形态设计，不仅需要考虑单独的山石之美，还需要考虑群石的组合美，创造出有层次、有节奏的空间形态。

2. 材质美学

山石的质地和色彩都是其材质美的关键因素。设计师应仔细观察和研究不同山石的质地特点，包括其纹理、表面光滑度和坚硬度等方面。例如，有些山石可能具有粗糙、多孔的质感，而有些山石可能具有光滑、细腻的质感。根据景观创造的需要，设计师可以选择适合的山石材质，以达到所需的视觉效果和触觉效果。不同山石的颜色（如灰色、褐色、红色等）会给人带来不同的感受。设计师可以根据景观的整体色调和氛围，选择与之相协调或形成对比的山石色彩，以创造出丰富多样的视觉效果。同时，设计师还需考虑山石材质与环境中其他元素的材质是否匹配。山石作为景观的一部分，其材质需要与周围的植物、水体、建筑等元素的材质相互协调和统一。通过材质的搭配和组合，可以使山石与其他元素相协调，共同形成美丽而独特的园林景观。

3. 景象美学

山石作为景观的一部分，其美感不仅源于自身，还源于其与环境的关系，以及所构成的景象。设计师可以利用山石的形态和布局，打造出独特而富有特色的景象。山石的高低起伏、峰峦叠嶂的形状可以创造出山峦起伏、峻峭壮观的景象，给人以壮丽和震撼的感受。同时，山石的布局和组合可以形成各种各样的景观，如山谷、山水画卷等，使人们在其中沉浸和想象。山石与植物、水体等其他景观元素的结合也能创造出丰富的景象。山石作为景观中的点缀或背景，与植物和水体相互呼应，共同构成独特的景象。例如，山石与绿树相映成趣，形成一幅生机勃勃的山水画卷；山石与水体相互交融，形成瀑布奔流或溪水流淌的景象。

4. 动态美学

园林景观的创造需要考虑观者的移动和视线变化。设计师可以通过山石的布局和组合，创造出丰富的视觉效果。山石的高低起伏、形状和朝向的变化，可以引导人们的目光在景观中移动，使人们获得独特的体验。例如，设计师可以利用山石的不同高度和角度，建造起伏的山峦和曲折的路径，使观者在游览过程中体验到景观的动态变化。又如，设计师可以利用山石的纹理和色彩变化，创造出具有动态美的景观效果。山石的纹理和色彩在不同光线和观看角度下会呈现出不同的变化。设计师可以巧妙地运用纹理和色彩变化，使山石在不同时间和观看位置呈现出多样的面貌，使景观更具生命力和动态美。

（三）体现生态性原则

1. 尊重自然

生态性原则的第一个要点是尊重自然。在设计山石景观时，要尽量遵循自然的规律和原理，如依据地形地貌，选择合适的山石，合理布局。同时，山石的挑选、利用、搭配应充分考虑其材质、色彩、纹理、形态等特性，使其尽可能地融入自然环境，体现出自然美。

2. 重视生态平衡

园林环境是一个微型的生态系统，设计应维护其生态平衡。山石的设置除起美化环境的作用之外，还应具备维护生态平衡的功能。例如，可以利用山石的凹凸形状和缝隙创造各种微生境。山石之间的空隙可以成为昆虫、蜥蜴等小型生物的栖息地。在选择山石时，可以考虑其形态和纹理，以增加所营造景观的多样性。这样的设计不仅能提供栖息场所，还能为生物提供觅食和繁殖的机会，促进生物种群的繁荣。另外还应注重山石的生态功能及与其他元素的协调。山石与植物的搭配可以形成互补的生态效应，如树木可以为山石遮阴，减少水分蒸发，植物的根系也可以固定土壤，防止水土流失，山石可以作为树木的支撑，也可以与树木一起为生物提供栖息地。这样的设计能够提高生态系统的稳定性，形成一个更为健康和可持续发展的园林环境。

3. 兼顾环保

在选用山石时，设计师可以选择当地可获取的天然石材，避免使用人工合成材料。设计师可以通过合理的设计发挥山石的环保功能。山石具有一定的保湿性和隔热性，可以减少水分蒸发和土壤的水分流失，降低植物的浇水需求。山石还具有一定的防腐性能，设计师可以巧妙地利用山石构建园林中的园路、围墙等，以减少对其他材料的使用，减少环境污染和资源消耗。此外，还可以考虑利用雨水收集系统，将雨水引到山石周围的植物区域灌溉植物，减少对外部水资源的依赖。

4. 重视人的体验

人是欣赏园林景观的主体，设计师在遵循生态性原则的同时，要关注人的感受和需求。在设计过程中，设计师要充分考虑人们的不同需求和喜好，可以设置休憩区、游乐区、观景点等具有不同功能的空间，以满足人们休闲、娱乐和交流的需求。还应考虑人的舒适性和便利性，为人们提供足够的座椅、遮阴和挡风设施，以保证人们在园林中获得舒适的体验。同时，设置合适的指示标识，使人们可以轻松地找到目的地。

四、山石景观设计方法与表现

（一）凿池推土为山

在城市平地上建造园林时，可通过一种经济且巧妙的方法创造山石景观。这个方法就是将挖掘池塘时的土方堆积为小山，然后将湖石镶嵌进这些土山。通过这样的方式，湖石仿佛隐藏在土山中，部分石头露出，土石共存，犹如大自然的杰作。采用这种手法，石头的使用量不会过多，它们或隐或现，被巧妙地布置在山径两侧，使景观充满艺术魅力。这种设计方法科学合理，对石材的利用更为经济，充分实现了对资源的有效利用。

（二）山贵在峦

峦指雄伟挺拔的山头，在峦的创造过程中，山顶部分应当被明确凸显出来，不能是平坦的，同样也不应该做成笔架式的形状。使用石材构建山体时，重点在于对其形态的把握，不能单调地排列，而要创造出一种高低起伏、错落有致的视觉效果，需要按需进行合理布置。

在整个假山的堆叠过程中，山顶部分的石材选择和应用是最讲究的，应该选择一些形状奇特、独具特色的山石。这样，既可以使其成为视觉上的焦点，吸引人们的视线，又能使山体接近自然界中的山体，增加山体的艺术性。而这些石材的选择和配置也要以山体的整体效果为准，要尽可能保证其与周围环境的和谐统一，让整个山体显得既自然又和谐。在选择山顶的石材时，要考虑其形状、颜色、纹理等细部特征，要选择那些能够引人注目、让人过目难忘的石材。同时，要考虑其与周围石材的协调性，让整个山体的颜色、质地等和谐统一而富有层次感。

（三）独石成峰

石峰通常是由一块巨大的天然太湖石作为主体，如苏州园林中的瑞

云峰，其高度约为 9.9 m。在创造这种景观时，石峰的底部可以使用较小的石块，而封顶部分则使用大块石材。要注意的是，整个石峰必须保持平稳，符合力学原理，不能有倾斜的现象，否则随着时间的推移，石峰可能会倾倒，造成人身伤害。

在选取峰石的过程中，需要考虑石头的朝向和纹理等因素，其对整体效果有着重要的影响。在峰石放置之前，首先应请工人将座子凿出榫眼，其次将上部大、下部小的峰石安装在座子上。也可以通过拼接两三块石头来构成峰石，但其造型设计依然应遵循上部大、下部小的设计原则，保证峰石的平衡，使其看上去似乎有飞舞之势。在实际的设计过程中，可以在石峰的周围种植一些植物，既能提升其美感，又能与石峰形成良好的互补，增强整体的视觉效果。同时，石峰设计也应当考虑其与周围环境的和谐度及与周围景观的协调性，让石峰真正融入整个园林，成为园林中的一个重要组成部分。

（四）山洞石窟

在假山设计中，空腹假山是一种节省石材的设计方法。空腹假山的内部可以建造成石窟，这样的设计不仅节省了石材，还增强了游览的趣味性。空腹假山的构建过程与建造房屋的过程有一定的相似性，需要平整地基，用石块作为支柱，固定假山的结构；需要选择带有孔洞的奇特石块做门窗，这样可以增强采光，使石窟内部充满自然光线；需要在封顶部分用条石进行封固，这样可以增强整体的稳定性。在条石之上，可以堆土，形成平台，平台上可以留出一条小路，用碎石进行铺设。山洞内部还可以设计一些石质家具，如石床、石凳等，为游人提供休息的场所。另外，山洞顶部可以设置亭屋，也可以种植一些树木，以增加其自然感和美观性。

需要注意的是，设计空腹假山时，设计师应该充分考虑其和周围环境的协调性，使整个园林景观协调统一。此外，空腹假山的设计，还应考虑其安全性，尤其是石块的稳固性，以及山洞内部的采光和通风等问题，确保游人的安全和舒适。

（五）假山以临水为妙

山水相依，为园林增添生机。要建造山水相依的景观建造石桥和石洞，使水沿山的轮廓流动，亦可通过在水边安放石头或在水中置立石柱，营造出别致的景致。假山最适合被水环绕，这样可以使其更具生机。若是假山无法得水，则可以设计一个山洞，让其在雨天自然地形成小溪，从假山上流下来，使其更有活力。

也可在山顶设计一个天沟，形成小坑，收集雨水，使水从石缝中缓缓流出，流过山石，最终汇入水池或溪流。这样的设计不仅增加了假山的动态元素，还形成了一种别样的风景。当雨水从山顶流淌下来时，人们静坐其间，可以获得“坐雨观泉”的美好体验。这样的设计可以让人们在欣赏景色的同时，获得心灵上的宁静。

第三节　景观小品要素

景观小品指的是那些细致入微的、功能明确的、外形独特的、充满艺术感的、内容丰富的微型建筑，如精致雅致的小亭子、舒适有趣的座椅、清晰简洁的标志牌、使用方便的园灯，还有带有自然气息的溪涧跨步等。这些小品既满足功能需求，又在造型和空间布局上寻求美感。作为景观的一部分，它们在整个景观环境中展现了极高的观赏价值和艺术特性，体现了微型景观的魅力。社会在不断发展，景观小品的形式和内容也在不断得到丰富，本节按照小品功能的不同，将园林景观小品分为休憩性景观小品、装饰性景观小品、展示性景观小品、服务性景观小品和游戏健身类景观小品五类，如图 3-6 所示。

图 3-6　园林景观小品分类

一、休憩性景观小品

休憩性景观小品的种类繁多，包括长凳、亭子、座椅、小桥、遮阳伞等。这些元素具有明确的功能和美感。例如，长凳和座椅为游客提供了休息的地方，同时，其独特的设计和制作工艺也能提升园林景观的整体美感。

在设计休憩性景观小品时，需要考虑其与环境的关系。在与周围环境的协调性方面，设计师需要考虑小品与周围景观元素的整合。小品的材质、形状和色彩应与周围的自然环境相呼应，以营造一种和谐统一的氛围。选择自然材料，如木材或石材，可以增加景观小品与自然环境的融合度，使人们在休憩时产生更加亲近自然的感觉。

休憩性景观小品还应满足人体工程学的需求。例如，座椅的高度应该能够让人们的双脚平稳着地，膝盖弯曲角度适中，不会造成过大的压力或不适感。而座椅的深度则应当提供足够的空间，使人们的臀部和大腿能够舒适地放置在上面，避免坐得太拥挤或太空荡。座椅的背部支撑也是重要的考虑因素，设计师可以根据人体脊椎的曲线设计出符合人体工程学原理的椅背弧度，提供适当的支撑，使人们在休憩时能够保持良好的姿势和放松的状态。

休憩性景观小品的布局也十分关键。例如，座椅和长凳的布局应与优美的景色相结合。将它们放置在可以俯瞰湖面、花坛或开阔的草地的位置，使人们在休息时能够欣赏到迷人的自然景观。又如，将小桥设计成横跨在溪流或小径之上的形式，给人一种跨越障碍、通往新景观的感觉。小桥可以作为连接不同区域的纽带，引导人们探索整个园林，并提供额外的观赏点。通过合理的布局，小桥与周围的景观融为一体，增加了景观的变化和趣味性。举例来说，日本龙安寺的枯山水庭院中的石组合和白砂代表海洋与山岛，形成了独特的景象。在庭院的角落，静静地摆放着一些长凳，供参观者静坐欣赏庭院的美景。这样的布局不仅提供了休息的空间，还让参观者可以感受到庭院深远的哲学意义，增加了参观体验的内涵。

二、装饰性景观小品

装饰性景观小品种类众多，包括雕塑、壁画、彩砖、喷泉等。它们富有表现力，以其艺术性和观赏性成为环境中的焦点。例如，雕塑和壁画能够讲述故事、表达情感，或者具有某种象征意义；而彩砖和喷泉则能创造具有动感和丰富色彩的景观，使环境充满活力。

在设计装饰性景观小品时，应考虑其在空间中的位置和尺度，以及与环境的协调性。例如，雕塑的位置应突出，以吸引人们的目光。通常，雕塑可以放置在视线的终点或是重要的路径交汇处，使其成为人们注意的焦点。通过将雕塑放置在具有戏剧性或独特视觉效果的位置上，可以增加景观的视觉吸引力，创造出令人难忘的景象。彩砖和喷泉等装饰性景观小品可以设置在广场或主要的通行区域。彩砖可以通过不同颜色、形状和排列方式，增加空间的趣味性，提升视觉效果；喷泉则可以通过水的流动和喷射，营造活泼欢快的氛围。将彩砖和喷泉放置在人们频繁经过的区域，能够吸引人们的注意，提升空间的活力和互动性。

装饰性景观小品的材质选择也十分重要，应与环境的风格和气氛相协调。例如，在自然风格的园林中，选择木质、石质或陶质的装饰性景观小品是常见的做法。这些材质具有天然的质感和色彩，能够与自然环境融为一体，营造舒适和亲近自然的氛围。木质材料常常用于制作座椅、栏杆等小品，其温暖的质感和自然的纹理赋予了空间温馨和亲切感。石质和陶质材料则常用于制作雕塑、花盆等小品，其坚实和稳重的特性与自然环境相契合，可以营造自然、朴实的景观氛围。在现代风格的环境中，选择金属、玻璃或塑料等材质的装饰性景观小品能够展现现代感和时尚感。金属材质常用于制作雕塑、护栏等小品，其光泽和线条感给人一种现代、精致的观感。玻璃材质常用于制作灯饰、花瓶等小品，其透明和反射效果营造出轻盈、现代的氛围。塑料材质则常用于制作色彩鲜艳的小品，其轻便和多样性使设计师能够创造出各种有趣的形状。

一些著名的园林中有着丰富的装饰性景观小品例证。例如，法国凡尔赛宫的金色喷泉和雕塑不仅具有极高的艺术价值，还显示了宫廷的奢华和权威。又如，中国苏州拙政园中的寿山石雕、古琴台彩砖等装饰性景观小品，体现了中国传统的文人风雅和审美观。

三、展示性景观小品

展示性景观小品一般包括标识、解说牌、展板等，它们通过文字、图像、符号等方式，传达关于园林历史、文化、生态、功能等方面的信息。例如，园区入口处的指示牌能引导游人了解园区的布局和导航；解说牌则能帮助游人了解园林的历史背景、植物知识等。

在设计展示性景观小品时，首先应确定其传达的信息内容和目标受众。对于儿童游客来说，展示性景观小品可以以简单、生动的形式呈现。图像、插图和简短的文字可以被用来讲述有关植物生长、动物生活和自然环境的故事。通过色彩鲜明、可爱有趣的形象和易于理解的语言，吸引儿童的注意力，激发他们对自然的好奇心和学习兴趣。这样的展示性景观小品可以激发儿童的想象力，让他们参与互动和探索。对于成年游客来说，展示性景观小品可以提供更详细和更专业的解说。通过精心编排的文字、图表等，向游客传递更丰富的科学、文化或历史知识。这些展示性景观小品可以提供深度的信息，帮助成年游客更好地了解景观的背后故事，深入理解自然生态、文化特色和环境保护等方面的重要性。同时，可以提供互动的元素，如触摸展示、互动屏幕等，增加参与感和学习体验。

展示性景观小品的形式设计也非常重要，需要清晰、直观、吸引人。例如，在设计指示牌时，应注意选择与园林环境相协调的字体和颜色，使指示牌与周围的景观和自然元素相融合，虽突出但不突兀。字体应该清晰易读，大小适中，颜色要与背景色相对比，以便游客快速获取所需信息。在设计解说牌和展板时，需要注重布局的层次感和流畅性。信息的组织应该具备清晰的结构和引人入胜的排版，以吸引读者的注意力并帮助他们更好地理解内容。合理的标题、段落分隔、字号和行距等因素可以帮助读者快速浏览和获取信息。同时，展板的尺寸和位置应当与周围环境相协调，避免过大或过小。

除此之外，展示性景观小品的位置选择也非常重要，应尽量设置在游人容易看到的或游人停留的地方，如入口、景点、休息区等。同时，也可以结合景观路径和观景点设计一系列连贯的展示性景观小品，形成故事线或主题线，引导游人深入了解和体验园林。例如，北京植物园内的解说牌和展板详细介绍了各类植物的名称、特点与生长环境，帮助游人了解植物。又如，美国纽约中央公园的指示牌清晰地标明了各景点和设施的位置，方便游人找到目的地。

四、服务性景观小品

服务性景观小品在园林景观设计中占有重要的一席之地，其作为园林环境中的基础设施，为游客提供了众多便利。服务性景观小品包括但不限于座椅、亭子、桥梁、垃圾箱、灯具、指示牌等，这些为游客在园区中活动提供了方便，极大地提高了游客的参观体验。

座椅是一种常见的服务性景观小品，为游客提供休息和欣赏园林景

色的地方。座椅的设计应以舒适为首要考虑因素，同时，其形式、材质和色彩应与周围环境相协调。例如，杭州西湖景区内的长椅，其设计简洁而富有现代感，形式和材质与周围的自然环境及建筑风格相协调，给游客提供了舒适的休憩环境。垃圾箱是保持园区卫生、维护环境美观的重要设施。垃圾箱的设计应兼顾美观和实用，尽可能与周围环境相融合，同时方便游客使用。如在日本京都的神社寺庙中，垃圾箱常常以木制、石制为主，形式简单而不失雅致，既满足了使用需求，又与周围的环境相得益彰。灯具不仅能够用来照明，还能够在夜晚营造出不同的环境氛围。例如，晚上的南京夫子庙，灯光照明设施把古建筑和环绕的树木照亮，营造出古色古香的氛围，给人们带来了深刻的视觉体验。桥梁是连接园区内各区域的重要通道，其设计应考虑实用性和美观性。在很多园林中，小型的桥梁往往被设计成富有艺术感的小品，如杭州西湖的断桥，不仅能供人通行，还因其独特的设计和文化内涵，成为著名的观赏点。

五、游戏健身类景观小品

游戏健身类景观小品旨在为游客提供娱乐、休闲、运动等活动空间，进一步增强园林的功能性和实用性。这类小品包括健身器材、游戏设施、运动场地、乒乓球桌、健步道等。

健身器材是园林中一种常见的健身类景观小品，它们具有很强的功能性和使用价值。例如，在上海的世纪公园内就设有一系列户外健身器材，它们的设计既考虑了使用者的舒适性和安全性，也融入了环境美学的考虑，形成了一处兼具美感和实用性的健身空间。游戏设施主要是针对儿童设计的，通常包括滑梯、秋千、旋转木马等，如在北京的朝阳公园内，儿童可以在色彩鲜艳、造型生动的游戏设施上尽情玩耍，这不仅满足了儿童的娱乐需求，也为公园增添了生动活泼的气氛。运动场地如篮球场、排球场等，向游客提供了健身和娱乐的空间。例如，人们在深圳的荔枝公园临湖而建的篮球场地上既能欣赏湖景，又能感受运动带来的乐趣，这种设计形式充分考虑了环境美学与功能的统一。乒乓球桌在公园中也是常见的游戏健身类景观小品。例如，在上海的中山公园内，乒乓球桌被巧妙地设置在树荫下，人们在这里既可以进行运动，又能欣赏到园林的自然美景。健步道或者称为“步行道”，可供游客悠闲漫步或健步走。例如，杭州西湖边的步行道沿湖而设，宽敞平坦，游客行走其间，可以欣赏到湖景，感受到四季变化的美感。

第四节　植物景观要素

植物景观涉及的内容非常多，本书主要从植物的大小、形状和色彩三个方面进行介绍。

一、植物的大小

植物按照大小可以分为大中型乔木、小乔木、灌木、地被植物四大类。

（一）大中型乔木

大中型乔木以其宏伟的体态、优美的枝叶和生长周期的长短，对园林景观起着决定性的作用。此类乔木通常高度超过 6 m[①]，既可以单独种植，形成特色景点，也可以群植，形成林带或森林，形成层次丰富的景观，具有较大的生态价值。

在景观塑造方面，大中型乔木的树冠茂密，既可以为人们提供荫蔽，创造静谧舒适的环境，又可以与建筑、道路等元素协同，构成具有韵律感的空间序列。北京的颐和园就是一个很好的例子，它的大型乔木，如悬铃木、柏树等，不仅为游客提供了舒适的休憩空间，还与各种建筑和水面相结合，创造出了宏大而富有变化的景观空间。在不同季节里，大

① 何雪，左金富．园林景观设计概论 [M]. 成都：电子科技大学出版社，2016：64.

型乔木的叶色、花色、果实和枝条都会发生变化，让园林在一年四季里都有不同的风貌。例如，南京的明孝陵，每年春天，樱花树的樱花盛开，形成一片粉白的花海，吸引了大量游客前来赏花；秋天，樱花树的叶子变黄，给园林带来了另一种颜色和氛围。这种季节性的变化，让人们在欣赏美景的同时，能体验到自然的生命力和节奏。

（二）小乔木

小乔木的高度通常为 4 m 至 6 m，具有茂密的枝叶和丰富的花果，是园林植被配置中的中层结构，能够创造出丰富多样的景观效果。

一方面，小乔木的生长特性使其成为景观设计中的优选元素。与大型乔木相比，小乔木的生长周期相对较短，能更快地达到预期的景观效果。这一特性使其在新建园林或需要短期内形成特定景观效果的项目中具有显著优势。例如，紫叶李和海棠等小乔木在春季花期或秋季果期都可以瞬间改变园林的色彩，形成季节性的景观。另一方面，小乔木在空间塑造中扮演重要角色，它们可以作为过渡植物，缓解大乔木和草本植物之间的空间距离，增强景观的立体感。小乔木还可以作为边界元素，界定道路、花坛或建筑的边缘，增强空间的秩序感。例如，在很多传统的中国庭院中，小乔木（如梅、桂）被用来划分庭院空间，增加了空间的层次感和秩序感。

（三）灌木

灌木相对低矮，但分枝丰富，常年保持绿色或季节性改变色彩，对于丰富园林空间层次、空间的塑造都起着重要作用。

由于其生长高度适中，可以填补大型乔木与草本花卉之间的空间层次，使园林空间更加立体丰富。一组恰当搭配的灌木可以构成半透明或不透明的屏障，有效地界定空间，创造出私密或半私密的空间环境，使园林的使用更加灵活多变。灌木的种类多样，形态各异，既有常绿的也有落叶的；有的花色鲜艳，有的果实丰富；有的叶形奇特，有的枝条雅致。这些丰富的特性使灌木在园林中具有很高的装饰价值。例如，在春季，杜鹃、山茱萸等盛花期的灌木就能为园林带来一片生机盎然的景色；在秋冬季节，红叶石楠、柽柳等可以点缀园林，让色彩持续。

二、植物的形状

不同的植物有着不同的外形，常见的树形有笔形、球形、尖塔形、水平展开形、垂枝形等。

（一）笔形

常见的笔形植物有杨树、圆柏、紫杉等，这些植物的主干明确且笔直，形状高挑且纤瘦。它们独特的生长形态呈现一种直上的指示性，引领人们的视线朝上延伸，对于塑造园林空间的垂直向度具有关键的主导作用。尽管这种指向的植物在塑造空间和引导视觉方面都有着显著的效果，但在搭配使用时需要谨慎考虑。如果这些高大而窄的植物与较矮、形态展开或圆球状的植物配合，对比会变得相当明显，这种强烈的对比可能会使园林的整体视觉效果失去平衡，从而影响到园林的和谐与统一。

（二）球形

此类植物有榕树、桂花、紫荆、泡桐等，具备圆形或近似圆形的形态，这些植物的生长形态使其在园林景观设计中具有特殊的作用。这些具有球形特征的植物，在引导视觉方面并没有明确的倾向性，也就是说，它们无法像笔形植物那样引导人们视线向上，但是这并不意味着它们的价值就比笔形植物低。在园林景观设计方面，它们的形态不具有显著的方向性，因此可以保持景观的统一性，不会打破园林景观的整体协调性。而且，这类植物在植物群落中具有重要的调和作用，它们可以很好地统一和协调其他类型的植物，使园林在视觉上实现和谐一致。

（三）尖塔形

尖塔形的植物，如雪松、云杉、龙柏等，其特点是底部宽大，树形从底部起逐渐向上收紧，最终在顶端形成一个尖，像一座精巧的塔。这类植物的尖锐轮廓和独特形态使其在园林设计中经常作为视觉焦点使用。

尖塔形植物的尖顶具有极高的视觉吸引力，尤其是它们与较低且呈圆形的植物搭配时，常能达到出人意料的效果。它们犹如在天空中矗立的尖塔，引领人们的视线自下而上，形成一种向上的动态视觉效果，形成一种引人入胜的景观。尖塔形植物的使用非常灵活，不仅可以作为园林的重点元素，还可以与周围的建筑或山体相互呼应，以增强整体的视觉效果。例如，在欧洲，尖塔形的植物常常与尖顶的建筑或尖峭的山峰相映衬，如大片的深色森林与尖塔形的雪山相映衬，形成一种气势磅礴、引人入胜的景观。

（四）水平展开形

水平展开形的植物，如二乔玉兰、铺地柏等，枝条有着鲜明的水平生长习性，呈现一种宽阔、稳定且外延的形态。这类植物在视觉上能够引导视线在水平方向上移动，进而创造一种宽广感。水平展开形植物的使用，能有效地在水平方向上联结其他植物，构筑起一种平稳、延展的空间感。水平展开形植物与垂直生长的笔形或尖塔形植物配置在一起，形成对比，能够强化空间的纵深感。水平展开形植物不仅具有联结和对比的功能，它们也具有装饰性。在园林中，通过巧妙地运用这类植物，可以形成丰富多样的空间布局和层次感，也能增加园林的观赏性和实用性。无论是单独使用还是组合使用，水平展开形植物都是园林景观设计中不可忽视的一个重要元素。

（五）垂枝形

垂枝形的植物，如垂柳、龙爪槐等，它们的枝条具有显著的下垂或向下弯曲的特性。这种生长方式有力地将观察者的目光引向地面，与尖塔形植物引导视线向上的效果形成鲜明对比。这一类植物在水边的植栽效果尤其出色。它们垂下的枝条在微风的吹拂下与水面的涟漪相映生辉，创造出一种极富美感的景观，唤起人们的种种思绪。此外，垂枝形植物在地势较高的位置种植，其垂挂的枝条更能得到充分的展现，增添空间的层次感和动态美。垂枝形植物不仅在视觉上吸引人，更重要的是，它们为空间营造一种特殊的氛围。在设计中，利用垂枝形植物的特性，可以营造不同的空间氛围，满足人们多样化的景观需求。

三、植物的色彩

在园林景观设计中，植物色彩作为一个重要的视觉要素，具有至关重要的作用。利用植物的色彩，能营造出丰富多彩的景观效果，满足人们追求美好生活环境的需求。

（一）植物色彩的视觉效果

植物的色彩可以直接影响观察者的视觉感受。暖色调的植物，如红色、橙色和黄色，通常会给人以热情、活力和温暖的感觉，这些色彩充满了活力和阳光气息，能够吸引人的注意力并刺激情绪。例如，鲜艳的红花可以在绿色植被中与之形成鲜明的对比，吸引人们的目光，营造热烈和热情的氛围；橙色和黄色的植物则常常被用于营造温暖、欢快的氛围，给人带来愉悦和活力的感受。这些暖色调的植物在园林中可以用来创造焦点和吸引人流，使整个空间充满活力。与暖色调相反，冷色调的植物，如蓝色和绿色，给人以清新、宁静和放松的感觉。蓝色的植物常常给人一种沉静和冷静的感受，尤其适合用于创造静谧的水景。绿色是园林中最常见的色彩，代表着生机、自然与平和。绿色植物的运用可以给人们带来放松和舒适的感受，让人们感觉与自然环境融为一体。绿色还有镇静和治愈的作用，能够帮助人们减轻压力，放松身心。

（二）植物色彩的空间效应

植物的色彩还能影响人们对空间的感知。一般而言，暖色调的植物在空间中布置时，它们会在视觉上靠近观察者，使空间感觉更为紧凑和亲密，这种紧凑感可以在相对较小的空间中创造温暖、亲密的氛围。暖色调的植物适合在庭院、花坛和小型花园中使用，能够使人感到被环绕和安慰，创造热情和温暖的氛围。相反，冷色调的植物在空间中布置时，它们会在视觉上远离观察者，使空间感觉更为开阔和宽广，这种开阔感可以在较大的空间中创造清新、宁静的氛围。冷色调的植物适合在公园、广场和大型花园中使用，能够使人感到轻松和舒适，创造宽敞和平和的氛围。

（三）植物色彩的季节变化

不同季节的植物色彩变化给园林景观带来了丰富多彩的视觉效果和情感体验。

春季，大自然苏醒，植物开始生长并展示出嫩绿的色彩。新鲜的嫩绿色给人一种生机勃勃、焕发活力的感觉。嫩绿的植物色彩代表着新生和希望，它们的出现让人们感到春天的到来，带来一种温暖和舒适的氛围。夏季，阳光明媚，植物的绿色达到了高峰。深绿色的植物给人一种茂盛和丰富的感觉。夏季的绿色代表着生长的力量和繁荣，它们在炎热的季节中带来清凉和宁静，使人们感到舒适和放松。秋季，植物的叶子开始变黄、变红、变褐，形成金黄色、红色和橙色等丰富多彩的调色板。这些色彩代表着收获和成熟，给人一种温暖和温馨的感觉。秋季的色彩变化让人们感受到季节的过渡和变迁，带来一种宁静和浪漫的氛围。冬季，植物的叶子逐渐凋落，呈现出褐色和灰色的色彩。这些色彩代表着沉寂和静谧，给人一种冷静和安宁的感觉。冬季的色彩变化让人们感受到自然的休眠和宁静，带来一种冷清而祥和的氛围。

植物色彩的季节变化给园林景观增添了变化和动态感，让人们能够通过观察植物的色彩变化，感受到季节的轮回和自然的律动。这种变化不仅赋予了园林景观独特的美感，也让人们在园林中体验到时间流转和自然界的魅力。

（四）植物色彩的搭配

正确的植物色彩搭配可以创造和谐、平衡和美丽的景观效果。

1. 对比色搭配

对比色是指位于色彩圆环相对位置的颜色，如红色与绿色、蓝色与橙色、黄色与紫色等。这种搭配可以产生强烈的对比，吸引人们的注意力。例如，红色的花朵和绿色的叶子形成鲜明对比，营造生动而有趣的视觉效果。

2. 相近色搭配

相近色指的是在色彩圆环上相邻的颜色，如绿色与黄色、蓝色与紫色等。这种搭配可以产生柔和、和谐的视觉效果，给人以舒适的感觉。例如，淡紫色的花朵和淡蓝色的花瓣相互呼应，形成柔和的色调过渡，营造宁静而优雅的景观氛围。

3. 暗淡色与鲜亮色搭配

暗淡色通常指的是较暗、较浓重的色彩，而鲜亮色则是较鲜艳、较明亮的色彩。这种搭配可以产生强烈的对比，使鲜亮的色彩更加突出，同时，增加了景观的活力和亮点。例如，暗绿色的植物与鲜黄色的花朵相搭配，形成明暗对比，为景观注入了生机和活力。

（五）植物色彩的心理效应

不同的植物色彩在心理上有着独特的影响，从而影响人们的情绪、注意力和心理状态。

红色是一种活跃、充满能量的色彩，能够使人兴奋，并引起人们的注意。在园林景观中，红色的花朵或叶子可以吸引人们的视线，激发人们的兴趣和热情。黄色是一种明亮、温暖的色彩，能够提升人们的幸福

感。在园林景观中，黄色的花朵或叶子可以营造欢快的氛围，给人们带来愉悦的感受。绿色是一种平静、宁静的色彩，能够减轻人们的压力，缓解人们的疲劳，使人平静下来。在园林景观中，绿色的植物可以营造宁静的环境氛围，给人们带来舒适和放松的体验。蓝色是一种冷静、平和的色彩，能够帮助人们恢复平静和放松。在园林景观中，蓝色的花朵或水体可以营造出宁静的氛围，给人们带来平静的感受。

第五节　地面铺装要素

一、地面铺装的功能

地面铺装的功能主要包括交通功能、承载功能和装饰功能，如图3-7所示。

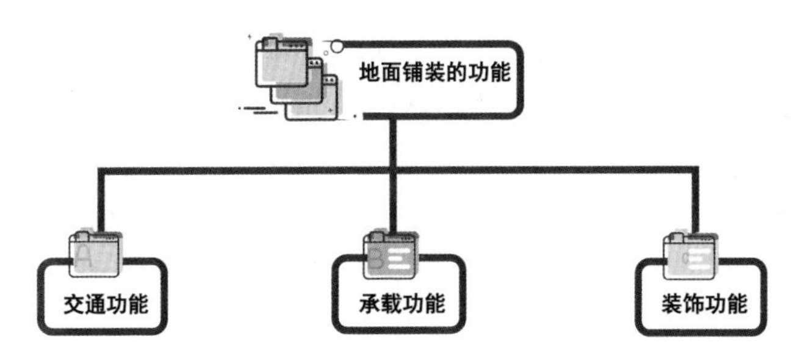

图 3-7　地面铺装的功能

（一）交通功能

地面铺装应该平整，没有凹凸不平的地方，确保人们能够平稳地行走。不平整的地面容易使人们摔倒，特别是对于老年人、儿童和残障人士等特殊群体来说，更需要一个平整的地面。园林通常是人流量较大的区域，地面铺装应能经受住长时间和频繁的踩踏，不易产生磨损和破损，因此，应选择耐磨性强的材料，如石材、混凝土或高强度的铺装材料，可以保证地面的持久性和美观度。同时，地面铺装需要具备良好的防滑性能，无论是在晴天还是雨天，地面都应该具有良好的防滑性，以减少滑倒事故的发生。选择具有防滑纹理或经防滑处理的材料，可以增加人们行走时的稳定性。地面铺装材料应具有良好的排水性，以避免积水和使人滑倒，地面铺装还应具备良好的耐热性和不易变形的特点，以确保地面在高温天气下保持稳定、持久耐用。

通过对路径宽度的设计，可以有效控制游客的行进速度和流量。较窄的路径可以限制游客的行动范围，减缓其速度，让游客有更多的时间欣赏园林景观，并减少对自然环境的破坏；较宽的路径可以容纳更多的人，分散人群，减少拥挤感，提升游客的舒适度。路径的直曲设计可以带来不同的视觉效果和体验，直线路径通常能够提供更为快速的行进体验，适合连接不同景点或主要区域；曲线路径可以增加探索的乐趣，引导游客在转弯后发现不同的景观，增强景观的吸引力和神秘感。还可以通过使用不同材质的地面铺装来分隔不同功能区域。例如，主要行走路径使用花岗岩或混凝土铺装，休息区域使用草坪或木质铺装，通过材质的变化区分不同功能的空间。这样的设计可以使园林的使用更为有序，方便游客辨识和选择不同的活动区域，提升游客的体验满意度。

（二）承载功能

承载功能首先体现在地面铺装对日常行人压力的承受上，设计者需要确保铺装材料和结构可以满足大量人流行走的需求，以保证行人在使用过程中的舒适度和安全度。在选择材料时，要考虑其强度、硬度、耐磨性等物理特性，这些因素都将直接影响地面铺装的寿命和使用性能。其次，园林地面铺装需要考虑到特殊场合的载重需求。例如，公园内的道路可能需要承载清洁车、园艺维护车等重型车辆的压力。在这些区域，地面铺装的承载能力就需要更高。这就需要设计者根据实际需求，选择强度更高、耐磨性更好的材料，并可能需要设计更加复杂的地基结构，

以提高地面铺装的承载能力。地面铺装的承载功能还表现在其对环境压力的承受上。在室外环境，地面铺装需要承受风、雨、雪、冰冻融化等各种自然环境因素的影响。这就要求地面铺装具有良好的耐候性和耐腐蚀性，能够在各种恶劣环境下保持其原有的功能和性能。

（三）装饰功能

地面铺装可以通过丰富的颜色和图案达到装饰的效果，如可以使用不同颜色的石材、陶瓷或混凝土等材料进行艺术性的拼接和组合，形成各种各样的图案。这些丰富多彩的装饰既可以创造生动活泼的视觉效果，也可以引导游客的视线和行走路线。在材质方面，无论是选择天然的石材、木材，还是人工的混凝土、陶瓷，都可以为空间营造出不同的气氛，这些材料可以根据设计的主题和风格去选择，如现代风格可以选择简洁、光滑的材料，而古典风格可以选择质朴、磨砂的材料。在设计手法方面，可以通过特殊的设计手法增加装饰性，如运用阶梯、水景、灯光等元素，可以让地面铺装成为空间的焦点，吸引游客的目光。这些设计手法可以根据环境和使用需求来灵活运用，如在人流量大的区域，可以设计一些互动的装饰元素，增加游客的参与感和乐趣。

二、地面铺装的类型

（一）沥青铺装

沥青铺装是一种广泛使用的路面铺装类型，主要是利用沥青作为黏合剂将面层铺设出来。这种铺装方式的主要优势在于其成本效益高、施工过程直观并且易于实施，表面具有一定的均匀性且无缝合，行车的振动较小，并且噪声效应也较低。但是它也存在一些明显的劣势，其中最显著的是其对温度的高度敏感性，因此，在夏天，其强度可能会降低，而在低温条件下，可能会发生开裂，需要定期进行维护。沥青铺装常常被应用于城市道路、国家高速公路，以及停车场等地的路面。

细化沥青铺装材料，可以发现其种类繁多，包括沥青混凝土、透水性沥青及彩色沥青等。一般来说，在铺装的过程中，首先，底层需要用沙土和碎石进行填充，其次，在碎石上铺设一定厚度的沥青混合料作为面层。

（二）混凝土铺装

混凝土铺装是一种在面层使用混凝土的铺装技术。它的优点是成本效益高、施工简易。混凝土的强度和刚度高，具备出色的承载和分散负载能力。混凝土铺装的稳定性好，受到气候和其他自然因素影响小。其粗糙的表面具有良好的抗滑和附着性能，提供了安全的行车条件。此外，混凝土的鲜明色泽和高反光能力也有利于夜间行车的安全。混凝土铺装还具有较高的可塑性和耐久性，可以通过染色、喷漆、蚀刻等简单工艺，在混凝土表面绘制美丽图案，进一步增加其美观性。

在混凝土铺装的施工过程中，一般先在底层铺设碎石，然后浇筑混凝土，最后用铁抹子将表面找平。变形缝通常使用发泡树脂接缝材料来处理。这种铺装方式广泛应用于城市道路、园路、停车场等地方的路面建设中。未来可以通过研究和开发新的混凝土材料和施工技术，提高混凝土铺装的美观性和功能性。

（三）石材铺装

石材铺装作为一种最贴近自然的铺装方式，有着得天独厚的优势。石灰岩有自然纹理，砂岩有丰富的层次，花岗岩有闪亮质感，它们即便是原生态的样子，也能构成人们所喜爱的路面景观。这种铺装方式是在混凝土垫层之上，再添加一定厚度的天然石材，从而形成的一种耐用、坚硬且具有观赏性的路面。石材铺装最显著的优点在于其出色的耐久性、硬度和观赏性。色彩和纹理的丰富变化也让它在视觉上成为一种吸引人的元素。但这种铺装方式的成本相对较高。尽管如此，石材铺装的路面不仅能提供基本的使用功能，还能满足人们的审美需求。不同品质、色

彩的石材，可以采用多种铺设方法，组成多样的形式，使其适用于各种环境，包括城市广场、商业街道及建筑物周围的硬质地面。常用的石材包括花岗岩、大理石、砂石、板石和各种人造石材等。在石材铺装中，需要特别注意其实用性。比如，在主要路面的铺装上，应尽量避免使用光面的石材，因为在雨雪天气，光面石材会变得非常湿滑，可能导致行人滑倒。因此，在选择石材的时候，除了注重其美感之外，还需要兼顾实用性和安全性。

（四）砖砌铺装

砖作为一种深受欢迎的铺装材料，具有多个突出优势，包括易于安装、坚固耐用、色彩多样且拼接方式灵活多变。其丰富的色彩和多种拼接方式，使砖砌铺装可以创造出多种图案，形成独特的路面纹理效果，进而使街道空间产生丰富的视觉效果气息。

因为砖块的尺寸较小，拼接方式多样，这使其特别适用于小面积的铺装，如花园道路等。在小尺度空间，如道路的转角、不规则的边界和石块、石板难以铺设的地方，砖砌铺装的优势就体现得尤为明显，同时，还能提升铺装的趣味性。砖也可以作为其他铺装材料的辅助材料，如作为大型石板之间的镶边和收尾材料。人们甚至可以根据需求调整砖的尺寸，使其更好地适应特殊的地块。

（五）预制砌块铺装

砌块，是一种人造块状材料，是利用混凝土、工业废料（如炉渣、粉煤灰等）或地方性材料制成的。相比于砖，预制砌块的外形尺寸更为灵活。预制砌块有出色的防滑性能、行走舒适度、施工简便性、修复方便性和价格经济性等多个优势，因此，被广泛用于各类场合的路面铺装。

砌块的颜色和样式丰富，拼接方式多样，能够创造出多种特殊的风格，从而为道路空间增添更多的趣味性。砌块铺装还具有良好的渗水性，这使一部分雨水能够渗入地下，不仅有利于花草和树木的生长，还有助于生态景观的建设，因此，砌块铺装在各种类型的景观园路中都得到了广泛应用。

（六）卵石铺装

卵石铺装是一种特殊的路面铺砌技术，其铺装过程是在基础混凝土层上铺设一定厚度的砂浆，再将卵石均匀地嵌入其中。卵石铺装的主要优势在于其精细的纹理和出色的装饰性能，它能通过嵌入各种图案增强其视觉吸引力。这种铺砌方法并不适合大面积使用，一般来说，它不适用于主要交通道路。卵石铺装更多地应用在景观小径或水景中，作为一种辅助铺装方式，用以提升空间的趣味性。因此，卵石铺装通常应用于公园和住宅区域路面铺装中。

三、地面铺装的设计原则

（一）艺术性原则

1. 审美

审美主要关乎视觉效果，包括色彩、质感、形状等要素。例如，选择与周边环境协调的色彩，选择具有柔和或坚硬质感的材料，以及选择有规则形状或无规则形状的铺装块，都能创造吸引人的视觉效果。铺成具有装饰性的图案也可以为地面铺装增加艺术性。

2. 和谐统一

地面铺装设计应与周围环境和谐统一，如与建筑物、植被、水体等协调，确保铺装设计与整体环境的整体协调。这包括了铺装材料的选择，如石材、砖、混凝土等不同材料带来的视觉和触觉效果都大相径庭，在铺装设计时应合理选择，使地面铺装与环境协调。

3. 创新

在设计中尝试新的铺装方式、使用新的材料或技术，甚至采用创新

的设计理念，都可以增加设计的艺术性。尽管创新需要更高的设计技能和施工技术，但其能带来的独特视觉效果，能令人印象深刻。

（二）生态性原则

生态性原则强调的是铺装设计要兼顾人类活动的需要，以及自然环境和生物多样性保护的需要。尤其在城市环境中，地面铺装遵循生态性原则可以帮助改善城市微气候，降低城市热岛效应，提高城市的生态环境质量。可以选择一些透水性好的材料，如透水混凝土、透水砖、透水石材等。这些材料可以增加地面的透水性，减少雨水径流，增加地下水补给，从而保护城市水资源。也可以选择一些能吸收和减少空气污染的材料，如光触媒混凝土等。这类材料可以在光照下催化空气中的有害物质，将其转化为无害物质，从而减少空气污染。在设计中，也应该考虑使用一些可以保护生物多样性的设计方法，如在透水铺装中留一些绿色空间，用来供小动物栖息，为植物提供生长的空间，从而提高生物多样性。

在更深层次上，生态性原则也体现在铺装材料的生命周期管理上，如考虑材料的采集、生产、使用、回收等环节对环境的影响，选择环保、可循环的材料，减少铺装过程中的废弃物产生，使铺装材料的全生命周期都能符合生态性原则。

四、园林地面铺装设计要点

（一）功能性

园林地面铺装应该满足特定场所的功能需求。例如，步行道是人们在园林中常用的通行路径，因此，需要选择具有防滑和耐磨特性的材料，以确保行人的安全和舒适。使用砖块、石材或混凝土铺装都可以提供具防滑性的行走表面，并在雨天或湿滑的条件下降低滑倒的风险。广场区域通常是人们集聚和休憩的地方，因此，地面铺装的设计可以更加注重艺术性和美观性，可以使用花岗岩、石英砂或砖块等材料，通过不同的颜色、纹理和图案创造出独特的视觉效果，增加广场空间的趣味性。

（二）舒适性

地面铺装的材质和设计应考虑使用者的舒适性。选择柔软的材料能够提供较好的脚感和减震效果，如橡胶地板、人造草坪等具有一定弹性的材料，能够减少步行时的冲击和疲劳感，为使用者提供更舒适的行走体验。色彩和纹理的选择也会影响舒适性，过于刺眼或过于花哨的色彩可能会造成视觉疲劳和不适感，选择较为柔和与自然的色彩则能够带来更舒适的视觉感受。纹理的选择也需要注意，过于复杂或过于粗糙的纹理可能会给人带来不适感，因此，应合理选择纹理，以提供舒适的触感，创造良好的视觉效果。不同人群对舒适性的需求有所不同，如老年人可能需要更稳固和更安全的地面铺装，儿童则需要柔软和富有趣味性的地面铺装，这要求设计师在设计中考虑不同人群的特点，提供满足他们需求的地面铺装。

（三）安全性

要保证地面铺装的安全性，选择具有良好防滑性能的材料是关键。在步行道、广场和儿童游乐区等区域，应选择具有较好防滑性能的地面铺装材料，以降低使用者在行走时的滑倒风险。例如，防滑瓷砖、橡胶地板、花岗岩等材料都具备良好的防滑性能，可以提供安全的行走表面。地面的坡度和层高差也需要合理设计，过大的坡度或高低不平的地面会增加使用者行走时的不稳定感，增加摔倒的风险，在设计中，应注意控制坡度的大小，确保地面的平稳过渡，避免出现陡峭的台阶或层高差过大的区域。对于坡道和台阶等区域，还应考虑到无障碍通行的需求，设置合适的扶手或栏杆，提供额外的支撑，确保使用者的安全。在安全性方面，还需要考虑光照条件，在夜间或光线较暗的情况下，合理设置的照明设施可以提供足够的照明，确保使用者能够清晰地看到地面的情况，

降低跌倒的风险，要合理安排照明设施的布局，确保整个区域的照明充足。

（四）经济性

在地面铺装设计中，有多种材料可供选择，每种材料都具有不同的成本，设计师需要在满足项目需求的前提下，综合考虑材料的价格和性能，选择经济适用的材料。例如，混凝土、石材和砖块等材料通常具有较低的成本且耐久性好，是经济性较高的选择。不同的地面材料具有不同的维护要求和使用寿命，一些材料可能需要经常清洁、修复或更换，这将增加维护成本。这就要求设计师考虑到长期的维护需求，并选择那些具有较低维护成本和较长使用寿命的材料。例如，选择耐磨、耐候性好的材料，可以减少维护频率和费用。合理的施工和铺装技术也可以提高经济性。采用高效的施工方法和技术，可以节约人力和时间成本，如使用模块化铺装系统可以快速铺设地面，降低施工成本。

（五）结构性

地面铺装的结构设计应考虑承载力、耐久性等因素。设计师需要根据预计的荷载情况，选择适当的铺装材料和结构形式。例如，在车辆通行频繁的区域，可以选择强度高、耐磨损的材料，如混凝土路面或砖块路面，以确保地面具有较高的承载能力。园林环境通常会经受不同气候条件的影响，如阳光、雨水、冻融等，地面铺装的材料选择和结构设计需要考虑耐久性，以确保其在各种环境下的稳定性和持久性。合理的材料选择和防水、防腐等保护措施，可以延长地面铺装的使用寿命，减少维护和更换的频率。结构设计还应考虑地面的平整度和坡度，以确保行人和车辆的安全。地面铺装的平整度和坡度设计需要遵循相关规范和标准，以防止行人或车辆因地面不平或坡度不合适而摔倒或滑倒。通过合理的施工和调整，可以使地面的平整度和坡度达到要求。

（六）兼容性

1. 与周围建筑相协调

传统建筑周围的地面铺装可以考虑使用石材或砖石等传统材料。这些材料具有天然的质感和纹理，能够与传统建筑的石质立面或砖墙相呼应。例如，在古老的庭院或宫殿中，采用青石板铺的地面能够与建筑物古朴质感的立面相契合，营造古典雅致的氛围。而在现代建筑环境中，可以选择更简洁、更具现代感的地面铺装材料，如混凝土、石英砂、陶瓷砖等。这些材料的线条和表面质感与现代建筑的简约风格相得益彰。例如，在现代公共广场或城市街道中，使用混凝土铺装能够与现代建筑的玻璃幕墙或金属材质形成对比，营造现代都市的氛围。

2. 与周围植被相协调

植物的色彩、形态和纹理与地面铺装的材质及图案应相互呼应，以营造一种统一、连贯的视觉效果。在绿化区域，可以选择自然石材铺装，与周围的植物相互呼应。自然石材具有天然的质感和纹理，与植物相映衬，营造一种自然、原始的氛围。例如，在公园的林荫小道或庭院的花坛旁边，使用天然鹅卵石或砂岩铺装，与植物相得益彰，增添自然的美感。在花园或庭院等区域，可以选择色彩丰富、纹理独特的砖石铺装，与花卉相搭配，创造充满生机和美感的景观效果。砖石铺装的颜色和纹理可以与花卉的色彩与形态相呼应，创造丰富多彩的视觉效果。例如，在花园的入口处或露台区域，使用具有浓郁色彩的陶瓷砖铺装，与花朵的绚丽色彩相辅相成，营造一种热烈的氛围。

3. 与水体和照明设备等元素相协调

对于水体景观，地面铺装可以与水池、喷泉、池塘等水体相互衬托。例如，在水池周围选择石材或混凝土铺装，与水体相互呼应，增强自然感。石材的质感与水的流动形成对比，为水景增添一份稳定和坚固的感觉，而混凝土铺装则可以创造简洁而具现代感的效果，与现代化水景相得益彰。通过合理的地面铺装选择和布局，可以使水体景观与周围环境

相融合，创造具有和谐感的景观效果。

照明设备可以与地面铺装有机联动，提升夜间景观的魅力。根据地面铺装的颜色、纹理或光线反射特性，与照明设备结合起来设计，可以创造独特的夜间景观效果。例如，在照明设备照射下，选择具有反光性的地面铺装材料，如石材或水磨石，将灯光反射出去，产生更加柔和、温暖的效果。通过地面铺装的颜色选择，可以与照明设备的灯光色彩相协调，营造统一而具有艺术感的夜间景观。

第四章　现代园林景观设计的创新

第一节　光影在现代园林景观设计中的应用

一、光的类别

根据不同的光源性质，可以将光分为人工光和自然光两大类。

（一）人工光

人工光是由人类技术和工艺制造出来的。这种光在日常生活和工作中都有着广泛的应用。人工光的种类繁多，包括但不限于白炽灯、荧光灯、卤素灯、LED 灯等。每种人工光都有其特定的属性和用途。例如，白炽灯提供的光线色温偏暖，能营造舒适、温馨的氛围，常常用于居家照明；荧光灯则色温偏冷，亮度高且稳定，用于办公室、商场等需要明亮光线的场所；卤素灯的亮度高且颜色逼真，常用于展示和照明艺术作品；LED 灯能效高、使用寿命长，可调光性好，因此，被广泛应用于各类照明场景。

人工光的设计和使用不仅仅是为了满足基本的照明需求，更是为了营造特定的空间氛围、强调空间特点，甚至引导人的行为。在景观设计中，人工光可以用于强调特定的建筑或景观元素，如雕塑、植物等；在室内设计中，人工光则可以通过调节亮度和色温，营造各种不同的环境氛围。

（二）自然光

自然光是无须人工制造便存在于自然环境中的光照，最主要的自然光源便是太阳。太阳的光照无处不在，光强可变，并带有独特的色温，温暖而强烈，可产生细致且复杂的光影效果。月光和星光也是自然光的重要组成部分，尽管其亮度远不及日光，但在夜间能带来独特的光影效果和视觉体验。自然光的变化丰富多样，一天中随着时间的推移，太阳的位置、角度及光照强度都会有所变化，这会带来不同的光影效果和视觉体验。比如，清晨的第一缕阳光，色温偏暖，柔和而富有活力；正午的阳光直射地面，光线强烈，阴影较少；黄昏时分，太阳渐渐落下，光线变得柔和，色温偏暖，营造悠闲而浪漫的氛围。

自然光的利用是景观设计、建筑设计及室内设计中考虑的重点。设计师会根据自然光的特性和变化，考虑空间布局、建筑方向、窗户设计等，以充分利用自然光，实现节能、绿色、舒适的设计目标。同时，通过合理利用自然光，设计师可以创造丰富的光影效果，提升空间的视觉质感，给人们带来良好的视觉体验。

二、光影的特性

光影主要有六大特性，如图 4-1 所示。

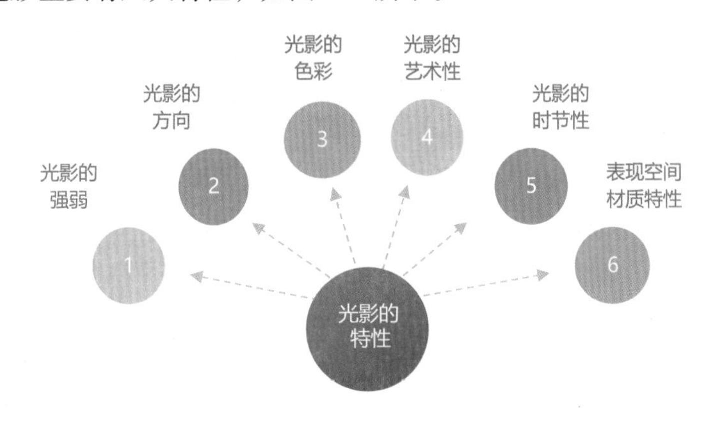

图 4-1　光影的特性

（一）光影的强弱

光的强度和阴影的深度直接影响物体形状的清晰度。在达到一定光照水平时，光能够清晰地描绘出物体的边缘。光照强度与光在传播过程中受阻的程度密切相关。建筑上窗户的设计，包括其位置和尺寸，会直接影响房间内自然光的数量和质量。阴影的深度主要取决于光本身的强度和与光源的距离。[①] 距离光源越近，得到的光照越强烈，阴影则越深。阴影的强度还受到光线照射的角度、物体本身的形状及环境中的光的影响。

光的强度和阴影的深度不仅可以勾勒出物体的形状，还能为场景带来层次感和深度感。例如，在拍摄人物时，有时会从人物背后投射光线，这种光被称为“背光”，其亮度稍微超过人物前方的主要光线，使人物能够更明显地从背景中突出。这样的照明方式在园林建筑设计中得到广泛应用。

（二）光影的方向

由于光源的方向不同，物体产生不同的影子，给予物体不同的立体感。平行光（如日光）产生的阴影清晰而长，带来强烈的立体感，而散射光（如灯光）产生的阴影模糊且短，使物体的主体感较弱。光线的方向也影响到物体的表面质感。当光从侧面打来时，能明显地显示物体表面的细节和质地，尤其是粗糙的表面，更能体现出深浅和质感。当光线垂直照射时，表面的纹理和细节可能会被弱化，使物体看起来更加光滑。在色彩的表现上，光的方向也起到关键作用。偏向红色的光（如日出、日落时的阳光）使物体显得更加温暖，偏向蓝色的光（如阴天或黄昏后的光线）则会使物体显得冷淡。

---

① 潘晓虎．光影在园林景观设计中应用的探索 [D]. 合肥：安徽建筑大学，2018：17.

（三）光影的色彩

天然光源（如太阳）的颜色会随一天中的时刻变化和季节变化而变化。清晨和傍晚时，阳光偏向暖色调，投射出金黄色或红色的光影；中午时分，阳光偏白，产生明亮的白色光影；阴天时，光影偏灰蓝色。自然环境中的其他元素，如树叶、水面等，也会通过反射和折射等方式，改变光源的颜色，从而产生多彩的光影。人造光源的色彩可以由设计师控制。例如，暖色的光源可以营造温馨的氛围，而冷色的光源则会带来清爽的感觉。同时，通过对比使用不同颜色的光源，可以创造出丰富的视觉效果。

在照射物体时，光线的色彩会受到物体表面颜色的影响。浅色的表面会反射更多的光线，使光影看起来更亮；深色的表面会吸收更多的光线，使光影看起来更暗。此外，有色的表面会改变反射光线的颜色，从而产生有色的光影。

（四）光影的艺术性

光影的艺术性来源于其动态性。自然光源的光影随着季节、天气等变化而变化，每个瞬间都是独一无二的。人造光则通过灯光设计和调控系统，实现光影变化。这种光影的变化如同生命的呼吸，使空间充满活力和生机。

光影通过射影、透射、反射等方式，形成细腻复杂的光影纹理，使空间拥有了丰富的视觉深度和细腻的质感。光影的色彩变化也丰富了视觉体验，调动了观察者的感知和情感。在许多文化中，光常常象征着希望、生命、真理，而阴影则象征着神秘、未知、隐私。设计师通过对光影的配置和处理，能够引导观察者解读和联想，赋予空间更深层次的意义。光影的艺术性还依赖于创新和巧思，设计师通过对光源、材质、色彩、空间的巧妙组合和运用，打破常规，创造出独特的光影效果。这种艺术性的创新，不仅要满足功能性的需求，还要满足审美的追求，充分展现光影的魅力。

（五）光影的时节性

在一年中，春夏秋冬四季的交替使光影表现出不同的特点。春天，阳光明媚，光影显得生机勃勃；夏天，阳光炽热，光影则热烈而强烈；秋天，阳光温暖，光影则显得宁静而深远；冬天，阳光斜照，光影则显得沉静而内敛。这种季节性的变化，使空间呈现出不同的氛围和情感，让人更加感受到自然的节奏和魅力。

（六）表现空间材质特性

在设计中，自然光影赋予了景观材料丰富的色彩、质地和亮度，更反映了文化意味、地域习俗、空间材料和设计细节，是一种无形的塑造空间的工具，能以最适合的方式展现空间的特性。在直射阳光的影响下，特定空间的所有元素的阴影都会投射到一个固定的位置。这种由自然光造成的一致性强化了空间的整体感，进一步强化了空间的节奏感。光影的应用还能使空间各部分之间的差异更明显，使各部分在统一的同时，保持各自的特色。这种巧妙的平衡和调和，构建了一个既有整体感又充满秩序感的空间。这种空间既严谨又和谐，展现了自然光影与设计理念完美融合的艺术。

三、光影在园林景观设计中的应用手法

（一）空间光影的叙事性设计手法

景观设计的覆盖范围极其广泛，旨在满足人们对视觉美的基本需求，同时，致力于满足人们的精神需求。每个设计元素都是有机联系在一起的，环境与设计的融合强调了精神层面的交互，光影的故事有着深远的精神含义。光影、空间和界面是景观设计的基础元素，决定了景观创造的环境特质。恰如其分地运用光影设计手法能够产生步移景异的效果，让整个园林景观浸润在独特的空间氛围中，进而创造出独特的文化空间。在设计的过程中，媒介、空间及两者之间的关系，都是对设计意图进行

表达的关键。设计中的象征意义、历史故事和隐喻论点，都可以巧妙运用光影手法进行表现。

1. 时空性

光影在景观设计中具有独特的叙事力，能够将眼前瞬息万变的空间转化为永恒的存在。它们以诗意的方式实现了瞬间与永恒的交融，创造了一种特殊的艺术表达方式。光影的故事是镶嵌在时间和空间中的，每刻的变化都让景观生动而富有魅力。光影的持续自由变化使其能够在景观设计中成为重要的构成元素，成为营造空间韵律美感的重要工具。光影的自由组合性强，可以根据点、线、面的造型规律进行任意搭配，创造出不同的视觉效果。

随着时间的推移，光线的强度、方向和阴影的形状都会产生差异，这种变化如同电影中的蒙太奇技巧，能够创造出四维空间的存在故事。这样的光影故事不仅仅展现了空间的个性和地域特色，更承载着历史。运用光影手法对景观进行细节处理，可以让人们感受到场所的故事，从而增强人们对景观的体验感。在这个过程中，光影不仅仅是景观的一部分，更是叙述景观故事的重要媒介。

2. 动态感

动态的光影可以给空间带来一种独特的活力。在一天之内，从早到晚，由强到弱，光影的变化如同一出精心编排的戏剧，让人们在其中感受到时间的流转。同一处景观在不同的时间节点，因为光影的改变，会展现出完全不同的样貌。这种巧妙的变化让人们在空间中产生了时间和空间的交融感。光影的动态感也可以被设计师用来设计和安排空间的视觉焦点，通过巧妙地安排光影，可以引导人们的视线，使其注意到某个特定的空间元素或是某个景观细节。这种技巧在园林设计中尤为常见，如通过阳光照亮的路径引导人们行走或通过光影的变化强调某个景观元素的存在。

（二）光影的视觉效果设计手法

在空间设计中，光影的视觉效果不仅取决于光的本身特性，如光的强度、方向和色彩，还与光和空间物体的交互关系密切相关。物体的形状、质地、颜色，以及物体与光源的相对位置，都会影响光影的视觉效果。例如，光线投射在表面粗糙的物体上，会形成模糊、柔和的阴影；光线照射在表面光滑的物体上，则会产生清晰、硬朗的阴影。

空间光影视觉效果的设计，往往会考虑以下几个方面。

第一，空间的氛围营造。通过光影的变化，可以创造出各种不同的空间氛围。例如，朝阳的光影可以营造出温暖、舒适的氛围；月光的光影可以带来神秘、浪漫的氛围。

第二，空间的引导和控制。光影的运用可以引导人们的视线和行动。例如，明亮的光线可以吸引人们的视线，暗淡的光影可以使人们的视线转移到其他地方。

第三，空间的比例和尺度。光影的运用可以改变人们对空间比例和尺度的感知。例如，通过光影的处理，可以使空间显得更大或更小。

第四，空间的层次感和深度感。通过光影的运用，可以增强空间的层次感和深度感。例如，通过光影的处理，可以强化空间的前后、远近关系。

第五，空间的时间感。通过光影的运用，可以表达空间的时间感。例如，日出和日落的光影变化可以反映时间的流逝。

（三）光影的意境营造

1. 诗意空间的营造

光影在园林中的运用展示了一种超越实体和形态的艺术魅力，它为园林空间赋予了诗意。诗意的空间不仅能满足视觉审美，还能让人的心灵得到触动，提升人们的感知体验。

例如，日光穿过树叶的缝隙，斑驳的树影铺满小径，给人以安静、神秘的感觉，使人仿佛置身于诗画之中。月光温柔地洒在小径上，让人

感受到夜晚的宁静与神秘，仿佛走进了一个浪漫的童话世界。这些都是光影在园林中的美妙应用，通过光影的变化，赋予空间诗意。这种诗意空间的营造是通过设计师对光影的精细处理实现的。设计师根据不同的环境和需求，选择合适的光源和角度，使光影在园林空间中流动，从而构建出富有诗意的空间。通过适当的光影效果，设计师可以强调空间的某个部分或者让空间呈现出一种特殊的氛围，使人在其中感受到宁静与和谐，仿佛置身于诗的世界中。

2. 情感的传达

园林设计中的光影不仅仅是构成空间的视觉元素，更深层次地，它们是一种强大的情感载体，通过精妙的处理和运用，可以在空间中塑造并传递特定的情感氛围。

每束光、每处影子，都具有情感的内涵。明亮的阳光照射在花朵上，让人感受到生机与活力，充满希望与向往，而阴郁光影下的空间则可能引发人的沉思与内省。暖色调的光线能给人温暖、舒适的感觉，而冷色调的光线可能给人带来清凉、安静的情绪体验、通过不同强度、色调、方向和角度的光线，以及光线与园林元素的互动，设计师可以引发和调整游客的情绪反应，从而实现情感的传达。另外，光影能引导人们的注意力，使人们的情感得到深化。在明亮的阳光下，鲜艳的花朵更加引人注目，使人感受到愉快和喜悦。在昏暗的光影中，石头、木头等自然元素的质感更加醒目，引发人们对生活、对环境的思考。设计师可以通过这种方式，让人们在欣赏园林的同时，感受到深深的情感共鸣。光影与空间的关系也会影响人们的情感体验，照亮的空间使人感到开阔与自由，暗影下的空间则给人带来宁静、神秘的感觉。同一处空间在不同的光影下，可能会有截然不同的情感效果。设计师需要对这种关系有深刻的理解，才能通过光影塑造具有情感深度的空间。在细节处理上，光影还可以提升空间的情感丰富度，光影交错的景象可以引发人们对生活、对环境的思考，增加空间的情感层次。在设计过程中，对光影细节的关注，对光影效果的精心打磨，都是实现情感传达的关键。

3. 意象的创造

对于景物意象的创造，光影是一种重要的工具。例如，阳光透过树叶在地面投下斑驳的树影，就像一幅动态的画卷，仿佛在讲述树与阳光的故事。例如，水面在光线的照射下波光粼粼，形成如梦如幻的视觉效果，这些都是光影在园林中塑造的意象，使园林空间更具生动性和艺术感。光影在塑造意象时，还可以与空间、材质、色彩等元素相互作用，进一步丰富和深化意象的层次。光影与空间的关系，可以营造开放或者封闭，广阔或者狭窄的空间感。光影与材质的互动，可以展现材质的肌理和特性，增强空间的质感。光影与色彩的结合，可以调整色彩的明暗和饱和度，让色彩更具表现力。这种相互作用和融合，让光影创造的意象更加丰富和立体，让园林空间更具艺术性和吸引力。

第二节　优秀传统文化在现代园林景观设计中的应用

一、优秀传统文化要素

（一）传统色彩

传统色彩在现代园林景观设计中的运用，可以有效地传递出文化的内涵和魅力。色彩的运用不仅仅关乎视觉美感，它更深入地与人们的心理感受、文化记忆，甚至社会历史背景息息相关。因此，对于现代园林景观设计来说，借鉴并恰当运用传统色彩，能为作品赋予更深层次的含义，使其在满足视觉审美的同时，能触动人们的情感。

中国传统色彩体系丰富多元，拥有深厚的文化底蕴。这些色彩大多源自自然，且与哲学思想、道德观念、生活习俗等文化要素紧密相连，共同构成了独特的中国色彩文化。其中，红色代表喜庆、吉祥，蓝色象征宁静、高洁，绿色代表生机、和谐，黄色象征权威、尊贵等，这些色

彩在古代都有明确的象征含义和使用场合。在现代园林景观设计中，设计师可以借鉴这一色彩体系，运用相应的色彩表达特定的主题或情感。例如，在设计旨在展示中国优秀传统文化的园林时，设计师可以运用红色和黄色，以此表达中国传统的喜庆气氛和尊贵气息；在设计旨在提供静谧环境的园林时，设计师可以运用蓝色和绿色，以此营造宁静和生机盎然的氛围。

需要注意，传统色彩在现代园林景观设计中的运用，并非简单地对传统园林景观设计中色彩运用的模仿，而需要通过创新的设计思维，将这些色彩巧妙地融入现代设计语境。设计师需要考虑色彩与周围环境的关系，以及色彩之间的搭配，真正做到色彩的和谐统一，创造既有传统韵味，又符合现代审美的园林景观。

（二）传统图案

传统图案在现代园林景观设计中的应用，既是对优秀传统文化的尊重和传承，也是对现代设计理念的拓展和丰富。这些图案源于人们对自然、宇宙的观察和理解，寄托了人们的希望和愿望，富含深厚的文化和历史内涵。在现代园林景观设计中，传统图案能以其独特的韵律和形式，为园林空间赋予独特的审美情趣和文化底蕴。

在中国优秀传统文化中，有许多经典的图案元素，如云纹、水纹、山石纹、花鸟纹等，都具有丰富的文化内涵和象征意义。这些图案大多以自然景象为原型，寄托古人对自然、对生活的理解和期许。例如，云纹象征着祥云瑞气，象征吉祥和福气；水纹代表着流动不息，象征活力和勃勃生机；山石纹寓意坚韧、稳固，象征着坚定不移的精神品格。在现代园林景观设计中，设计师可运用这些传统图案，以一种创新和富有现代感的方式，将它们融入园林景观。例如，可以将山石纹融入园林的石雕或墙面设计中，赋予其更深的文化内涵；可以通过设计独特的地面铺装，模仿自然水纹，以此寓言生活的活力和动态。设计师在运用这些传统图案时，需要注意适度和创新，在保持对优秀传统文化的尊重和继承的基础上，充分发挥自己的创新能力，对这些图案进行现代化的转化和提升，使其既具有传统的韵味，又符合现代审美观念。同时，需要注意图案的应用和环境的整体协调，使之与周围的景观元素形成和谐统一的视觉效果。

（三）传统造型

在中国传统园林中，广泛采用了各种传统造型，如曲廊、亭台、石桥、荷塘等。这些造型取材于自然，仿照自然，又超越自然，表达了中国人敬畏自然、顺应自然的哲学思想，同时，体现了人们的生活情感和审美追求。例如，曲廊具有柔美的线条，既能遮风挡雨，又能引导视线，调节空间，富有趣味性和艺术感染力；亭台以其雅致的造型和独特的功能，成为人们休息、聚会、欣赏景色的理想场所。在现代园林景观设计中，设计师可以巧妙地运用这些传统造型，将其融入现代设计语言中，使设计作品既具有现代审美的新鲜感，又蕴含优秀传统文化的深沉韵味。例如，可以采用现代材料和技术，重新诠释传统造型，赋予其新的形态和意义；也可以根据现代生活方式和审美观念，对传统造型进行改造和升级，以适应现代人的使用需求。

（四）传统书法

书法是中国文化的重要载体，被誉为“文化的灵魂”。它集视觉艺术与语言艺术于一体，以其深厚的文化内涵和独特的艺术魅力，对园林景观设计产生了深远的影响。

在中国传统园林中，书法的应用十分普遍，它主要体现在对联、碑刻、牌坊、石刻等形式上。园林中的对联，精练而含义深远，既展示了主人的学问与修养，又赋予了空间以深沉的文化韵味。碑刻和石刻上的书法，融合了文字、篆刻、绘画等艺术手法，不仅起到了装饰美化的作用，更以其内在的文化信息，强化了空间的主题意象，提升了空间的艺术内涵。在现代园林景观设计中，传统书法的应用方式更加多元和创新。

设计师不仅继续采用对联、碑刻等传统形式，还通过公共艺术、景观雕塑、墙体装饰等新的手法，将书法艺术融入园林空间。例如，可以将书法作品制作成立体的公共艺术，置于园林的重要位置，以吸引人们的注意力，引发人们的思考；也可以将书法元素运用到墙体装饰中，既增强了视觉效果，又营造了浓厚的文化氛围。

（五）传统美学

传统美学是中国优秀传统文化的重要组成部分，它涵盖了人与自然的关系、人的内心世界、社会伦理等诸多方面的思考。在现代园林景观设计中，运用传统美学的理念，能够营造出充满深意和生命力的空间。

1. 空灵的意境

中国传统美学崇尚“空灵之美”，空灵之美表现在对虚无的崇尚，对空白的尊重，对空间的灵动把握等方面。在现代园林设计中，借鉴这一美学理念，可通过留白、虚实对比、空间层次等手法，营造出空灵之美。例如，在园林中不一定要摆满各种装饰物，适当的留白，让人有思考和想象的空间。

2. 和谐的视觉

中国传统美学倡导“和谐之美”，这种和谐之美体现在色彩、线条、形态、空间等各方面。在现代园林设计中，可以通过对这些元素的精心组合和处理，营造出和谐、平衡的视觉效果。例如，可以通过色彩搭配的运用，使园林色彩丰富而不杂乱；通过线条的设计，使视线流动，空间有序。

3. 内涵的艺术

中国传统美学强调“内涵之美”，内涵之美在于传达深远的思想，揭示人与自然、人与社会的深刻关系。在现代园林设计中，可以借鉴这一美学理念，通过设计表达出内涵丰富的主题和象征意义。例如，园林中的每个元素都可以蕴含着深意，每处景色都可以暗含故事，让人在欣赏美景的同时，体验到深邃的文化内涵。

4. 生活的情感

中国传统美学注重“情感之美”，情感之美在于展现人的内心情感，表达对生活的热爱和向往。在现代园林设计中，可以通过对光影、色彩、音乐等元素的运用，营造出充满情感的空间氛围，使人们在其中可以感受到生活的美好，激发人们对生活的热爱。

二、优秀传统文化融入现代园林景观设计的原则

优秀传统文化融入现代园林景观设计应当遵循一定的原则，如图4–2所示。

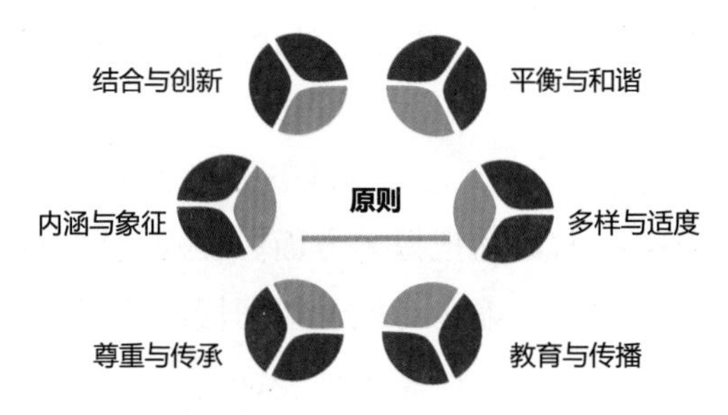

图 4–2　优秀传统文化融入现代园林景观设计的原则

（一）尊重与传承

尊重优秀传统文化是基于对文化传承的重视和尊敬，优秀传统文化是一个民族或地域的文化瑰宝，蕴含着丰富的历史、价值观和艺术表达。在现代园林景观设计中，设计师应当尊重优秀传统文化的独特性和多样性，认识到其承载的历史、文化和人文精神的重要性。传承历史的智慧和艺术是将优秀传统文化元素融入设计的关键，通过研究和理解优秀传统文化的艺术表达和设计原则，设计师可以汲取其中的智慧和美学，将其运用到现代园林景观设计中。这涉及对优秀传统文化的深入研究，包括对传统建筑、园林、绘画、雕塑等艺术形式的学习和借鉴。

优秀传统文化的传承和发展需要与时俱进。尊重和传承优秀传统文

化并不意味着固守传统，而是在现代社会背景下进行创新和发展。设计师应以尊重传统为基础，结合当代社会的需求和审美趋势，创造新颖而具有现代感的设计。这需要设计师具备对优秀传统文化的深入了解和创新的思维能力，将传统元素与现代材料、技术和理念相结合，使优秀传统文化在现代园林景观设计中焕发新的活力。

（二）内涵与象征

优秀传统文化融入现代园林景观设计的另一个重要原则是通过使用传统文化中的符号、意象和象征，将深层次的文化内涵融入景观设计中。

优秀传统文化中的符号和意象是景观设计中常用的表达方式，通过使用优秀传统文化中具有代表性的符号和意象，设计师能够唤起观者的情感共鸣，并与文化的历史和传统产生联系。例如，在园林中使用传统的文化图案、花纹或雕刻，可以传递特定的文化意义，让人们在欣赏景观的同时，感受到深厚的文化内涵。优秀传统文化中的象征性元素也是景观设计中常用的元素。通过使用具有象征意义的元素，设计师能够将抽象的文化概念和情感转化为具体的景观形式。例如，使用优秀传统文化中的动植物、建筑元素或器物等，可以传达出特定的文化价值观和哲学观念，引发观者的思考和共鸣。

在融入优秀传统文化的符号、意象和象征时，设计师需要注意其合理性和整体性。符号和意象的使用应与景观的整体风格和主题相协调，以确保设计的一致性与和谐性。象征性元素的运用需要具备深入的文化理解和审美意识，以避免对文化的误解或陷入刻板印象。

（三）结合与创新

1. 创新性的思维和创造力

优秀传统文化是源远流长的，有着独特的审美和哲学观念。而现代园林设计则更加注重实用性、功能性和创新性。在结合优秀传统文化时，设计师应将传统元素重新诠释和转化，以适应现代社会的需求和审美趋势。例如，可以将传统的园林布局和构造原理与现代的材料、技术与功能结合，创造出符合现代人生活和活动需求的新型园林景观。

2. 注重文化内涵的传递和表达

优秀传统文化中蕴含着丰富的历史、哲学、价值观和情感，这些都是需要通过设计传递给观者的。设计师可以运用符号、意象和象征等方式，将优秀传统文化的内涵融入景观设计中，让观者在欣赏景观的同时，感受到其中蕴含的文化历史和智慧。同时，设计师可以通过现代的表现手法和材料诠释与呈现优秀传统文化的内涵，使其更贴近现代社会的观念和审美。

3. 关注可持续性和实用性

优秀传统文化的保护和传承是非常重要的，因此，在将优秀传统文化与现代设计结合起来时，应考虑到设计的可持续性和实用性。设计师应选择环保的材料和技术，注重景观的可持续性和长期维护。同时，设计的功能性和实用性也是不可忽视的，要确保结合优秀传统文化的设计能够满足人们的实际需求。

（四）平衡与和谐

优秀传统文化具有独特的审美特点和风格，但其与现代设计元素可能存在差异。在将优秀传统文化融入设计中时，设计师应充分考虑现代社会的审美趋势和功能需求，以使景观具有现代感和实用性。设计师可以运用适当的比例、材质、色彩和形式等，将传统文化元素与现代设计元素结合起来，以达到平衡与和谐的目的。园林景观往往处于特定的环境之中，如城市背景、自然风光等。在融入优秀传统文化时，设计师应考虑周围环境的特点和氛围，使传统文化元素与周围环境相互呼应、相互协调。例如，在自然风光的背景下，可以选择与自然元素相契合的传统文化元素，如采用天然材料、自然色彩等，以营造整体平衡与和谐的氛围。同时，平衡与和谐还要求景观中各组成部分之间协调统一。传统文化元素应与园林中的建筑物、植物、水体、道路等其他元素相互融合，

形成有机的整体。设计师可以通过材质、形状、比例、布局等，使传统文化元素与其他元素相互补充，形成整体平衡与和谐的景观效果。在整体布局和空间感方面，设计师应考虑景观的整体比例、尺度和流线，以保持景观的平衡感和流畅性。传统文化元素的融入应符合整体景观设计的需要，成为整个景观的有机组成部分，而不是突兀的或不协调的存在。通过合理的布局和平衡的空间安排，传统文化元素与现代设计元素相互融合，形成和谐的整体效果。

（五）多样与适度

优秀传统文化博大精深，拥有丰富的符号、意象、技艺和艺术形式等元素。在将其融入现代园林景观设计时，设计师可以根据设计的主题、场所的特点和目标受众的需求，选择适合的传统文化元素进行融合。这可以包括传统建筑风格、雕塑艺术、书法绘画、园林构造技法等。通过多样化的选择，可以为景观设计注入独特的文化韵味和个性化的特点。在将传统文化元素融入现代景观设计中时，设计师应避免过度堆砌或过分强调传统文化元素，以免破坏整体设计的简洁性和清晰性。适度融入传统文化元素，意味着将其巧妙地融入现代景观设计，以突出其特色。这可以通过精心选择和运用传统文化元素，使其与现代设计元素相互呼应、相互补充，形成和谐统一的整体效果。适度融入也需要根据景观的功能和场所的特点，确保传统文化元素的使用不影响园林的实用性和功能性。

在实践中，设计师可以采用多样的方式实现优秀传统文化的适度融合。例如，可以运用传统文化元素的图案、纹样或色彩点缀景观的地面铺装、墙面装饰、雕塑艺术等部分，以增加景观的艺术氛围。另外，可以运用优秀传统文化的构造技法和工艺，如园林构架、雕刻、织造等，打造独特的景观空间。设计师还可以选择适度融合传统文化元素的特色植物，如具有文化象征意义的花卉、传统草木等，营造出独特的植物景观。

（六）教育与传播

优秀传统文化作为民族的宝贵财富，具有丰富的历史、文化内涵和艺术表达。在现代园林景观设计中融入传统文化元素，不仅仅是为了美化环境，更重要的是通过景观传播优秀传统文化。

通过展示优秀传统文化的符号、意象和象征，设计师可以将观者引导到历史的长河中，让他们了解优秀传统文化的起源、发展和传承。例如，在景观中运用传统建筑风格、雕塑、壁画等元素，可以向观者展示古代的建筑技艺、工艺美术，以及相关的历史背景和文化内涵。通过景观的设计，观者可以在欣赏美景的同时，学习到更多关于优秀传统文化的知识。优秀传统文化中蕴含着丰富的情感和思想，通过将这些情感和思想融入景观设计，可以引发观者的共鸣和情感体验。例如，在景观中运用优秀传统文化的意象和象征，如龙、凤、莲花等，可以唤起观者对中华优秀传统文化的认同和自豪感，激发他们对美的赞美和感悟。景观中的传统文化元素也可以激发观者的想象力和创造力，让他们通过对景观的观察和思考，对优秀传统文化的艺术表达有更深入的理解和体验。

园林景观中的传统文化元素还可以成为传播文化的媒介，推动优秀传统文化的传承和发展。通过景观的设计和呈现，可以吸引更多的观者和游客，让他们对优秀传统文化产生兴趣，并愿意深入了解和学习。园林景观作为公共空间，可以成为优秀传统文化的重要载体和展示平台，促进优秀传统文化的传播和交流。通过合理的解说和导览，设计师可以向观者传递优秀传统文化的知识和价值观，引导他们对优秀传统文化进行更深入的思考和探索。

三、传统艺术与园林景观的融合设计要点

（一）了解传统艺术的特点与风格

传统艺术包括中国传统绘画、雕塑、建筑等多个方面，每个方面都

有其独特的风格和表达方式。传统绘画以线条、色彩和构图为主要表现手法。在传统绘画中，常见的风格有写意、工笔、水墨等。写意风格强调形神兼备，通过简洁的线条和淡墨表现主题的形态与氛围。工笔风格注重细腻的描绘和丰富的色彩运用，通常用于表现具体的事物和人物形象。水墨风格则以墨色的深浅和水的渗透性为主要特征，强调意境的抒发和意蕴的表达。在园林景观设计中，设计师可以借鉴传统绘画的特点，通过线条的运用和色彩的选择，营造出富有艺术韵味和意境的景观空间。传统雕塑注重对人物、动植物及神话传说等主题的表现，常使用的材料有石材、木材、陶瓷等。在雕塑中，设计师可以运用传统雕塑的造型语言和技法，将具有文化内涵的雕塑作为景观的点睛之笔。通过雕塑的立体感和形态特点，为园林景观增添丰富的艺术氛围和观赏价值。而传统建筑注重对建筑形式、空间布局及材料的精细处理，常见的风格有古典、宫殿式、园林式等。在园林景观设计中，设计师可以借鉴传统建筑的特点，通过建筑元素的运用和空间布局的规划，创造出具有优秀传统文化特色和历史韵味的景观空间。例如，仿古建筑的运用、传统建筑风格的建筑物、廊架和亭台的设置等，都可以增添园林景观的古典和典雅氛围。

（二）选取合适的传统艺术元素和表现形式

第一，根据园林环境和主题，选择适合的传统艺术元素。考虑景观的特点和定位，选择与之相契合的传统艺术主题，如山水、花鸟、人物、神话传说等。这些元素能够赋予景观独特的文化内涵和情感表达，营造出与传统艺术相呼应的氛围。

第二，选取合适的传统艺术表现形式。传统艺术具有丰富的表现形式，如写意、工笔、水墨、雕塑造型等。根据景观的需求和风格，选择适合的表现形式，展现传统艺术的特点和魅力。例如，在山水景观中，可以运用传统绘画的写意风格，通过简洁的线条和淡墨的运用，表达自然山水的意境和情感。

第三，注意传统艺术元素的合理运用和适度处理。在运用传统艺术元素时，不应过度堆砌，而是要注重选择和组合。设计师可以根据景观的整体规划和要素布局，有选择地引入传统艺术元素，使其与其他景观元素形成有机的整体。这样可以保持设计的简洁性和清晰性，使传统艺术元素起到点睛之笔的作用。

第四，充分考虑观者的接受程度和理解程度。景观设计不仅要符合设计师的意图，也要考虑到观者的感受和体验。在将传统艺术元素运用于景观设计中时，要注重观者的文化背景和审美需求，使其能够感知和理解传统艺术元素传递的文化信息和情感内涵。

（三）保证场景与艺术元素的呼应

传统艺术元素与现代园林空间场景的对话，通常基于对场景性质和主题的理解。一个理想的场景应该是与选择的艺术元素相匹配的。例如，在设计一个静谧的园林水池时，设计师可能会参考中国传统的水墨山水画元素。水墨山水画是中国传统艺术的瑰宝，它以其独特的水墨笔触，表现出山水的婉约和神秘。因此，借鉴水墨山水画元素，设计师可以创造出如诗如画的水景，引导人们在观赏时，产生对山水之美的深度感知和情感共鸣。

（四）选取合适的材质和工艺

传统艺术元素的展现不仅仅依赖于形象的设计，更多是通过具体的材质和制作工艺来实现。这是因为每种材料都有其独特的质地和色彩，每种工艺都有其独特的表现力和韵味。

以木雕为例，木材作为一种自然的材料，其质地温润，色彩亮丽。当设计师用木雕创作传统人物形象的雕塑时，可以通过木材的质感和色彩，展现出人物形象的丰富情感和性格特征。此外，木材的雕刻过程使艺术品的每个细节都饱含艺术家的心血，使木雕艺术品具有独特的美感。陶瓷是中国传统艺术的瑰宝。陶瓷的烧制工艺可以产生各种独特的色彩和纹理，非常适合展示传统绘画中的花鸟图案。设计师可以通过精心设

计的陶瓷艺术品，为园林景观增添亮丽的色彩和生动的形象。

传统工艺技法的运用，如彩绘、烧制、浮雕等，更是能够增强艺术元素的表现力，使其更富有艺术魅力。这些技法不仅可以提升艺术品的视觉效果，也能为艺术品赋予更深的文化内涵和更大的艺术价值。

四、传统节日与习俗融入现代园林景观设计要点

（一）节日主题景观的设计

节日主题景观的设计，是一种强调人文特色和传统节日精神的园林设计方式。在节日主题景观的设计过程中，首先是对传统节日文化的深度解读与理解。每个节日都有其特殊的文化内涵，如中秋节的月亮和灯笼、端午节的粽子和龙舟、春节的鞭炮和灯笼等。设计师需要深入理解这些文化元素，掌握其象征意义，然后将其巧妙地融入景观设计中。这就需要设计师具有丰富的文化底蕴和敏锐的艺术洞察力，能够将传统文化元素以一种新的、现代的方式呈现出来。其次是主题景观的设计和规划。设计师需要考虑如何将这些文化元素布局在园林空间中，形成具有节日特色的主题景观。这就涉及空间布局、色彩搭配、造型设计等多个方面。例如，通过布置有月亮、兔子等元素的雕塑，搭配有月亮、星星等图案的灯笼，再配上秋季观叶植物、菊花等植物，可以形成一个富有中秋节气息的主题景观。节日主题景观的设计还要考虑到时间性，节日本身具有一定的时间性，设计师需要考虑如何在不同的时间段内，呈现出不同的景观效果，以表现节日主题，营造节日的氛围。例如，可以设计一些特定的灯光效果，使园林景观在夜晚能呈现出不同于白天的神秘和浪漫的气氛。

（二）习俗元素的运用

习俗就是长期形成并代代相传的社会风尚和生活方式，包括生产习俗、生活习俗、节庆习俗等。这些习俗中包含了深厚的文化底蕴和民族

智慧，是人们生活经验和生活哲学的结晶。因此，习俗元素的运用能够使园林景观具有更丰富的文化内涵和更广泛的社会意义。

如何运用习俗元素，需要对习俗进行深入研究和理解，掌握其内涵和象征意义。例如，龙在中国传统习俗中具有吉祥、尊贵的象征意义，因此，在园林景观中，可以设计龙的雕塑或图案，以体现园林的崇高和庄重。又如，农耕文化是中国传统习俗的重要组成部分，可以在园林景观中设计一片农田景观，让人们在亲近大自然的同时，体验到农耕文化的魅力。习俗元素的运用还需要考虑到地域文化的差异，中国地域广阔，不同地方的习俗也有所不同，如南方的水乡和北方的草原就有着完全不同的习俗和风情，在设计过程中，需要根据地域特色，选择符合地域文化的习俗元素，使园林景观与地域文化形成紧密的联系。时代感和现代性同样不可忽视，虽然习俗源自传统，但设计师需要有创新的眼光，将传统习俗以一种新的、现代的方式呈现出来。例如，可以用现代的艺术手法，创作出富有传统习俗元素的现代艺术作品，让传统习俗元素与现代艺术作品有机结合。

（三）动态活动的规划

在传统节日与习俗融合的过程中，设计师往往需要考虑如何才能将活动设计为动态的，让参与者在互动的过程中更深刻地感受和理解优秀传统文化。在实践中，动态活动可以从多个维度进行设计。

1. 考虑活动的时间轴

通过合理的时间安排，可以使活动具有连贯性且流程清晰，让参与者在活动中对时间有清晰的感知，增强活动的吸引力和参与度。起始时间是活动开始的主要标志，应该有合理的时间安排，以吸引和引导参与者的注意力。起始时间可以选择在特定的时刻，如午夜、日出或日落时分等，以营造令人期待和兴奋的氛围。要考虑活动进行的时间，这需要根据活动的规模和复杂程度确定。对于大型活动，可能需要安排多个阶段或节目，每个阶段都有明确的时间段。此外，活动进行时间还应考虑

到参与者的体力和注意力，在保持活跃和有趣的同时，避免持续时间过长，以防参与者感到疲劳和失去兴趣。结束时间是活动的收尾和总结阶段，它应该与活动的内容和目标相契合。活动结束的时间可以选择在一个具有仪式感的时刻，如特定的时钟时间，或者是在活动的高潮和精彩部分之后。活动结束后，可以安排一些总结、感谢和互动环节，以营造和谐的氛围，并给参与者留下深刻的印象。

2. 设计空间布局

通过精心设计的空间布局，可以提高活动的动态性，使参与者能够在园林中流动和互动，增强他们对活动的参与感和体验。可以在园林中设置多个活动节点，每个节点都有特定的活动内容或互动体验，参与者可以按照一定的路径顺序访问这些节点，逐渐发现和参与其中的活动。在园林中设置特定的互动区域，为参与者提供参与各种互动活动的机会，如做游戏、表演等。这些区域可以设计成开放的空间，让参与者可以自由地参与活动，与其他人互动和交流。通过提供丰富多样的互动体验，激发参与者的兴趣和积极性。设计合理的流线和导引，引导参与者在园林中自然走动，从一个活动区域到另一个活动区域，流线的设计可以采用曲线和弯道的方式，以增加参与者的探索感和期待感，可以使用视觉引导元素，如标识牌、指示箭头、装饰品等，帮助参与者找到下一个活动节点或互动区域。

3. 活动内容设计

选择传统的游戏和竞赛活动，如踢毽子、跳绳、打陀螺、拔河比赛等。这些游戏和竞赛活动通常都具有简单易懂的规则和互动性，可以吸引各年龄段的参与者，增加活动的趣味性和互动性。安排传统的表演和演艺节目，如民间舞蹈、戏曲表演、音乐演奏等。这些表演形式能够展示优秀传统文化的艺术魅力，通过音乐、舞蹈和戏剧等形式，将优秀传统文化的故事和情感传递给观众，激发他们对优秀传统文化的兴趣和热爱。组织传统工艺和手工制作的活动，如剪纸、编织、制作传统工艺品等，参与者可以亲自动手制作，了解传统工艺的制作技艺和制作过程，同时，能了解优秀传统文化的价值和意义。组织传统的仪式和庆典活动，如开幕式、祭祀仪式、传统婚礼等，这些仪式和庆典活动能够展示传统文化的庄重和神圣，让参与者亲身参与，感受传统文化的庆典氛围和仪式感。

4. 运用现代技术

设计师还可以运用现代技术，如虚拟现实、增强现实技术等，将优秀传统文化以新的形式呈现出来，让活动更具吸引力和创新性。通过虚拟现实技术，设计师可以创建虚拟的传统文化场景，让参与者身临其境地感受优秀传统文化的魅力。参与者可以戴上 VR 头显，进入虚拟空间，参观传统建筑、参与传统仪式、观赏传统表演等，增加参与者的互动和参与感。利用增强现实技术，设计师可以在实际场景中叠加传统文化元素和信息，为参与者提供丰富的观赏和学习体验。参与者可以借助手机或平板电脑等设备扫描特定的标识或景观，触发虚拟内容的显示，如展示传统艺术品的 3D 模型、传统舞蹈的演示等，让参与者在现实场景中与优秀传统文化互动。还可以利用大屏幕、触摸屏等数字展示技术，展示优秀传统文化的图像、音频和视频内容，以生动的方式向参与者介绍优秀传统文化的特点和价值，参与者可以通过触摸屏幕进行互动，了解优秀传统文化的细节和背景。

（四）公众参与度的提升

一个成功的园林设计不仅仅是创建一个物理空间，更是创建一个活跃、充满生机的社区，需要公众的参与和贡献才能真正生动与有趣。设计师可以从以下几个方面考虑如何提高公众参与度。

1. 理解公众的需求

设计师可以进行社区调研，通过与居民、社区组织和相关利益方的交流，了解公众对园林空间的需求和期望，可以通过问卷调查、面对面访谈、座谈会等形式进行，以收集公众的意见和建议。设计师也可以借助公众论坛和社交媒体平台，了解公众的意见、评论和建议，了解公众

对于园林空间功能、设施、景观和氛围的期望与偏好。还可以进行参与式设计，即邀请公众参与园林景观设计的决策过程，让公众提出自己的意见和建议，与公众共同探讨和决策园林的功能与形态。需要注意，公众对园林空间的需求可能多种多样，设计师需要平衡不同群体的需求，创造一个多功能、灵活可变的空间，这意味着园林空间需要有适合散步、休闲、交流、娱乐、学习等的区域，以满足不同人群的需求。

2. 提供丰富的活动区域

设计师可以为园林提供一系列丰富多样的活动区域，让公众有机会参与各种活动。例如，组织园艺工作坊，邀请专业园艺师或相关专家指导公众参与园艺活动。在园林中展示公共艺术作品，如雕塑、装置艺术、壁画等，这些艺术作品可以是传统艺术的现代诠释，也可以是当代艺术的创新表达，为公众提供艺术欣赏和交流的场所。可以举办音乐会、戏剧表演、舞蹈演出等文艺活动，让公众感受到音乐和表演艺术的魅力，邀请当地艺术家或团体，展示优秀传统文化的音乐和舞蹈形式，以及现代艺术的演绎。

3. 考虑空间的适用性和舒适度

根据活动的类型与需求，合理规划和布置园林空间。不同类型的活动可能需要不同的空间布置方式，如开放的草地区域适合举办户外音乐会或野餐活动，而设有休闲座位和遮阴设施的区域则适合进行放松与交流。园林空间应适应不同年龄段、不同身体状况和不同兴趣爱好的人群的需求。例如，在儿童游乐区域，应提供安全、有趣且具有教育性的游戏设施，同时，要满足家长陪伴孩子和休息的需求。针对老年人，应提供较平坦的步道和舒适的座位，供他们散步和休息。环境舒适度也是重要的考虑因素。设计师可以增加遮阳设施，如凉亭、树荫等，以提供遮蔽阳光的场所。在炎热的天气提供喷水装置或人工水景，让公众可以感受到清凉和水的欢乐。

4. 鼓励公众参与园林管理和保护

可以提供相关的教育和培训活动，向公众传授园林管理和保护的知识与技能，通过工作坊、讲座、培训课程等形式，让公众了解如何进行园林种植、病虫害防治、草坪养护等，同时，让公众学习如何正确使用园林设施和保护环境。通过招募和组织志愿者，让公众参与园林的日常管理和维护，如清理垃圾、修剪植物、维修设施等，这不仅可以减轻园林管理人员的负担，还可以提高公众对园林的关注度和责任感。也可以创建互动平台，如园林社区网站、社交媒体页面等，用于与公众进行交流和互动，公众通过这些平台提出建议、意见和问题，参与园林规划和决策过程，从而增加公众对园林的参与感和归属感。

第三节　镂空艺术手法在现代园林景观设计中的应用

一、镂空艺术概述

“镂”字由“金”和“娄”组成，在镂字中“金”指金属刻刀，“娄”意为“双层”。“厥贡璆、铁、银、镂、砮磬”源自《书·禹贡》，该句中的“镂”为名词，意为“金刚钻”；“生禹于石纽，虎鼻大耳，两耳参镂”源自《宋书》，该句中的“镂”通“漏”，意为“孔穴”；“锲而不舍，金石可镂”源自《荀子·劝学》，句中的“镂”为动词，意为“雕刻”；“镂灵山，梁孙原”源自《汉书·司马相如传下》，该句中的“镂”意为“凿通”。总而言之，“镂”字做名词有“可以挖透双层物件的金属刻刀”和“孔穴”之意，做动词有“雕刻”“凿通”之意。

在“镂空”一词中，“空”读第一声。《诗·小雅·大东》中的“小东大东，杼柚其空”、《水经注·江水》中的“常有高猿长啸，属引凄异，空谷传响”、《管子·五辅》中的“仓廪实而囹圄空”、《鸟鸣涧》中的“夜静春山空”；《大铁椎传》中的“送将军登空堡上”、《论衡·订鬼篇》中的“独卧空室之中”，以上句子中的“空”同“镂空”的“空”一样，均为“空虚，内无所有”之意。

“镂”和“空”合成“镂空”一词，在《辞海》中被解释为“在物体上雕刻出穿透物体的花纹或文字”。镂空艺术是一种特殊的雕刻手法，指通过有意识地去除原材料的一部分，形成独特的图形或图案。这种手法关键在于“穿透”，创造一个透空的艺术形象。镂空艺术在发展过程中，已经从单纯地形成孔洞，发展到了利用实与虚、有与无对比来构造美感。

镂空艺术手法并不只是雕刻技术中的一种剔除原材料的方法，它还涉及了对“实与虚”“有与无”的精细比较。这种比较不仅在视觉上产生了独特的效果，还在哲学意义上具有深远的含义。因此，镂空艺术不仅仅是雕刻技术的一种具体应用，更是一种深入人心的艺术表达方式，透过“有”与“无”之间的关系，反映生活的哲学智慧和艺术家的创新思维。

二、镂空艺术手法的起源和发展

镂空艺术源远流长，其根源可追溯至史前时期，那时人们开始在骨头、牙齿和石块上钻孔以便于穿线或者安装柄。这种技术在最初只是为了生活的便利，后来逐渐演化为一种装饰手段，最终发展为人们今天所说的“镂空艺术手法”。这种艺术形式的应用非常广泛，可以从古代玉器、剪纸艺术等领域看出其发展轨迹。

古人常言：“黄金可贵，玉石无价。”从古至今，人们都非常热衷于收藏和欣赏玉石，尤其是经过艺术家巧妙雕琢的玉器。玉器镂空工艺萌芽于新石器时代，主要使用的工艺技法分别是以磨具为主要工具的砣磨法，以线具、钻具为主要工具的钻切法。钻切法首先通过程钻打孔定位，其次用动物筋皮、植物荆条等韧性线具和解玉砂，通过孔隙拉磨掉多余的玉石。受工艺工具限制，此时的玉器镂空边缘较为粗糙。在殷商和西周时期，随着青铜器的出现，玉器的镂空工艺有了明显提升。到了汉朝，由于铁质工具的广泛使用，玉器的镂空技艺得到进一步发展，玉器的制作工艺趋于成熟。

在宋朝，玉器的镂空艺术更是有了重大突破，出现了多层镂空艺术，增加了玉器的立体感和丰富性，为之后的立体镂空艺术的出现奠定了基础。金元时期的多层镂雕和立体镂雕使玉器更具观赏性。真正的镂空艺术高峰出现在清朝，那时的玉石镂空工艺精美绝伦，造型各异，手法繁多，图案生动且内涵丰富。无论是美丽的花鸟、神秘的麒麟和龙凤，还是寓意吉祥的福、禄、寿、喜字样，都可以在这个时期的玉器上找到。鹅莲纹佩、盘结蝙蝠纹带扣、夔龙夔凤纹佩、婴戏纹圆形佩等都是清代玉器镂空艺术的代表作。

在东汉时代，人们发明了造纸技术，剪纸艺术随之诞生。剪纸是一种将纸张切割成各种形状和图案的艺术形式，它是中国最古老的民间艺术之一，深受民间艺人的喜爱，充满了独特的民族魅力和乡土气息。在纸张被发明之前，已经存在许多类似剪纸的艺术形式，如利用桐叶进行雕刻，这些都可以看作剪纸艺术的雏形。古人也会对树皮、织物、金银箔片等薄片材料进行镂空处理，达到类似剪纸的效果。由于纸张的保存难度较大，人们现在能见到的古代的剪纸作品并不多。据考古发现，最早的剪纸作品出现在新疆高昌故城，在那里出土的南北朝时期的“对马”和“对猴”团花剪纸，显示出当时剪纸艺术已经达到相当成熟的水平。到了唐代，剪纸的用途开始从祭祀转向装饰，人们用它做头饰和装饰家居，剪纸的图案也变得更加丰富多样。[①] 在宋代，剪纸的应用范围进一步扩大，除了用于装饰之外，还被用作工具，应用在花布的印染工艺中。而到了明清时期，剪纸艺术达到了巅峰，剪纸主要用作窗花、喜花、礼花等装饰品，也用于装饰服装、台布、鞋、枕套、床单等生活用品。

① 马莉萍．中国少数民族民间剪纸文化研究 [D]. 北京：中央民族大学，2010：7.

三、镂空艺术手法的表现方法

（一）剪影

剪影艺术通常采用黑色纸张，利用剪刀剪出人物、动物、植物、建筑等各种形象和图案，让人们通过形象的轮廓、姿态和动作，获得对主题的直接理解。这种艺术形式最大的特点在于，它通过一种极度简约的方式突出形象的主要特征，以直观、生动的形式展现主题的内在含义和艺术效果。在剪影艺术中，镂空技术的运用显得尤为重要。镂空可以赋予剪影更丰富的层次和更深远的内涵。例如，通过镂空技术，可以在人物肖像中留出眼睛和嘴巴，使人物肖像的表情更加生动；在景观中留出云彩和水流，增添动态和空间感；在图案中留出花纹和纹理，提升视觉效果和艺术价值。

剪影艺术并不仅限于使用纸张这一种材料，而是可以使用各种不同的材料（如布、皮革、金属等）进行创作。这就需要艺术家根据不同材料的特性，灵活运用镂空技术。例如，在皮革上创作，艺术家需要考虑到皮革的厚度和硬度，选择合适的工具和方法；在金属上创作，艺术家需要掌握金属的特性和加工技术，以实现剪影的效果。剪影艺术不仅是艺术家个人情感和创造力的体现，也是文化和历史的载体。无论是古代神话故事的传递，还是现代社会生活的反映，都可以通过剪影艺术表达。另外，剪影艺术在戏剧、影视、动画等领域中发挥着重要作用，为观众带来视觉上的享受和心灵上的触动。

（二）阳刻与阴刻

阳刻与阴刻这两种技术手法在剪纸艺术中应用，可以使艺术作品更加生动、丰富。这两种雕刻手法分别代表了艺术创作中两种截然不同的创作理念和方法。

阳刻技术通过将造型线条或块面呈现为凸出的形态，从而使之突出。

在剪纸艺术中，阳刻技术是剔除纸张的大部分空白区域，将刻画对象的细节部分以清晰的线条或者鲜明的块面展现出来。这种技法是用刀剪将文字或图案镶嵌在纸上，让其在空白的背景下凸显出来，就如同浓墨重彩的中国画，寥寥几笔，却足以勾勒出生动鲜明的形象。阴刻技术，则是将需要表达的线条或块面凿掉，保留其余的部分，以实现对象的表达。阴刻在剪纸艺术中，如同一位粗犷的雕塑家，砍除多余的部分，让需要表达的主题在大片保留下的纸张中显现出来。阴刻技术就像在空白的画布上，以大胆的笔触挥洒色彩，表达出生动的画面。

阴刻与阳刻技术在不同的环境与场合中，有不同的应用。在需要营造深度和立体感的环境中，如在园林中的花窗上，通常会采用阳刻技术，通过控制镂空的面积，将枝叶等元素刻画出来，保留空白的部分作为背景，这样就可以在视觉上产生空间的深度，增强立体感。在需要制造朦胧感或者需要制造视觉障碍的场合，如需要隐蔽的景观，通常会选择阴刻技术，通过控制镂空的面积，将部分图案或者元素隐藏在背景中，这样就可以制造出一种朦胧的、隐约可见的效果。

阳刻与阴刻这两种截然不同的雕刻方式在剪纸艺术中应用，可以相互补充，相互对照，形成艺术表达上的丰富多样性。艺术家通过巧妙结合这两种技术，可以将两者的优点发挥到极致，让剪纸艺术呈现出更加丰富多彩的视觉效果。

四、镂空艺术手法在现代园林景观中的应用分析

（一）现代园林景观中镂空正负形关系分析

镂空是“实”与“虚”、“有”与“无”的对比，在虚实对比之间形成镂空剪影，形成图形、图案。“虚”和“实”可以看作剪影的“底”与“图”或“图”与“底”，两者的关系是镂空形成剪影的正负形关系。以镂空中空的部分为剪影图的是镂空正形，以镂空中空的部分为剪影底

的是镂空负形。[①]

在现代园林景观设计中，镂空艺术运用极其广泛，其核心理念就是利用“空”表现“实”，或者说是通过镂空部分展现设计者要表现的图形和图案，而非镂空的部分则形成背景。在此，设计者需巧妙地运用背景和负形的材质，以凸显镂空的正形图案。

正形图案的呈现不仅仅依赖于设计者的技术，更受观赏者观看角度的影响。例如，一个以花朵为主题的园林装饰物，如果位于园林的中央，在日光明媚之时，其镂空的花瓣在蓝天和阳光的衬托下会显得分外醒目；然而，当夜幕降临时，同样的装饰物可能会因背景的模糊而看起来晦涩难解。此时，如果设计者在装饰物后方安置了柔和的灯光，灯光就像是为镂空花瓣打上了聚光灯，使其在夜色中仍然熠熠生辉。

除了自然环境的背景之外，人为创造背景也是一种重要的设计手法。如上述的灯光设计，就是一种通过调整局部环境亮度改变背景的方法。此外，还可以通过安置或设计镂空背景实现目标。例如，设计一处带有镂空设计的长椅，其背景并非为了凸显镂空图案而设置，更多的是为了满足园林使用者的休息需求。然而，如果设计者在长椅的背景选择上花心思，如选择色彩和明度与长椅材质形成对比的颜色，那么即便是简单的镂空图案，也能在背景的衬托下显得格外引人注目。

在镂空艺术手法运用中，实体部分常常是设计的重点，而镂空部分则是它的衬托，这两者共同构成了设计图案的全貌。具体而言，实体部分常常采用各种形状的图形和图案，以表达设计者的创意。而镂空部分则可以是各种材质，如玻璃等透光材料，也可以是空白的，作为背景来衬托实体部分。

当人们审视一个设计时，设计的实体部分往往是最先引起人们注意的。虽然与镂空正形相比，镂空负形对背景的依赖度较低，但这并不意

① 秦敏．镂空艺术手法在现代园林景观设计中的应用研究 [D]. 重庆：重庆大学，2016：51.

味着可以忽视背景对其的影响。例如，一个由铁丝编织而成的镂空雕塑，如果位于一片绿色的草地上，那么镂空负形将会被绿色背景占满，使雕塑的整体效果大打折扣；如果放置在一片白色的沙地上，那么雕塑就会在白色背景的衬托下显得非常醒目。对于立体的镂空设计，更需要考虑到各角度的观赏效果。在这样的设计中，各面的镂空负形往往会相互影响，从而产生混乱的视觉效果。如果设计者能够巧妙地运用背景，合理地衬托出每个面，那么就能产生立体的视觉效果，使镂空负形得到完整的体现。

（二）现代园林景观中镂空图案分析

在当代园林景观设计中，人们经常会发现，同一种景观元素，根据所用材料和制作工艺的不同，形成的镂空图案的复杂度也会有着明显差异。这种差异，一方面源于景观材料的物理性质，另一方面与制作工艺的复杂性和经济成本有关。例如，考虑到园林景观元素需要在户外长期承受自然环境中的阳光照射、风吹雨打等，需要承受人为荷载，因此，选择的材料必须具备良好的耐候性和机械强度。例如，在选用木材和石材时，厚度通常较大，以保证其耐久性和稳定性。由于受材料和石材物理性质的限制，木材和石材的镂空图案通常无法过于复杂，因为太过精细的雕刻不仅会提高加工成本，增加制作时间，而且在室外环境中容易磨损。金属和塑料这两种材料在园林景观设计中的应用更为广泛，因为它们的厚度较薄，易于整体塑形，加工出来的镂空图案可以非常复杂，且其强度大，不易在室外环境中损毁。特别是金属材料，它的可塑性和强度使其非常适合制作复杂的镂空图案。

在园林景观设计中，镂空图案的大小、形状、面积占比等因素，都会对其在景观中的视觉效果产生影响。例如，如果镂空图案覆盖了整个景观元素，那么它将会产生一种独特的肌理感。反之，如果镂空图案只占据了景观元素的一部分，那么它就可能会成为吸引游客目光的焦点，特别是当景观元素的其他部分颜色、形状、材料等相对统一时。此外，

镂空孔洞的大小也会影响其在景观中的表现效果。一般来说，孔洞面积占据的比例越大，就越能吸引游客的注意力，成为视线的焦点。总的来说，镂空图案设计既要考虑材料和工艺的限制，也要充分考虑其在景观中的视觉效果，以达到最佳的设计效果。

现代园林景观中的镂空图案种类繁多，包括文字、植物、动物、人物、抽象形状或者几何图形等多样化的图案。这些镂空图案经过精心的设计，传递出丰富的视觉信息，为园林景观赋予特定的文化内涵和艺术韵味。以文字类的镂空图案为例，它们通常出现在园林景观的信息提示设施上，旨在为游客传递明确的信息。设计师通过巧妙的字体设计和布局方式，使这些镂空文字既具有高度的信息表达性，又具有艺术装饰性。然而，在设计过程中，需要适当地控制镂空文字的大小和位置，使之既能吸引游客的目光，又不会喧宾夺主。有时，设计师也会用堆叠的文字进行装饰性设计，这时需要确保文字内容与园林的文化主题相匹配。在新中式的园林景观中，镂空文字也常用来表达园林的设计理念和文化内涵。这要求设计的文字内容简练精辟，能起到画龙点睛的作用。无论是何种类型的文字镂空图案，都应注意其内容和字体样式是否与园林的文化主题相匹配，而且必须明确其设计目的，避免过于张扬。

植物、动物、人物等主题的镂空图案也广泛应用于园林景观中。尤其在主题公园或有特定主题的园林景观中，这些镂空图案成为表达主题思想的重要工具。在室外环境的创造上，植物类的镂空图案尤为常见。这些图案既可能以具象形式展现，也可能以抽象形式表达。无论是哪种形式，都需要通过提取图案主题的核心特征，运用镂空技术，通过线条和轮廓的设计，展示出图案代表的实体。总体而言，现代园林景观中的镂空图案，通过各种主题内容的巧妙设计，实现了信息传递和艺术装饰的双重目标，丰富了园林景观的视觉效果和文化内涵。在现实生活中，很多园林景观中的植物、动物，以及人物等抽象镂空图案应用更多，抽象图案被设计师进行设计提炼后，会通过简单的线条展现与表达。例如，镂空大门经过提炼设计之后，形成了独特的画面，这为园林景观增加了设计感和装饰感，使园林景观更美观。

（三）现代园林景观中镂空形态分析

1. 面状镂空

面状镂空是通过对平面的剪切或镂雕形成的具有装饰性或功能性的设计元素。它能为园林景观带来丰富的视觉效果，并且有助于空间的划分和主题的表达。面状镂空在景观设计中的应用多种多样，可能是景观雕塑、景观墙、座椅、台阶、路牌或者其他装饰元素。在设计过程中，要考虑到这些元素在空间中的位置和功能，以及它们与周围环境的关系。例如，一面镂空的景观墙既可以作为空间的分隔物，为园林提供屏障和遮挡，又可以通过镂空部分引入光线，吸引视线，形成丰富的光影效果，增强空间的层次感。

面状镂空的设计需要考虑材质的选择，这会影响到镂空的效果和寿命。一般来说，面状镂空常用的材料有金属、石材、木材、塑料等。不同的材质有不同的特点和效果。例如，金属和石材较硬，可以用来制作较为精细的镂空设计形态，并且寿命长，耐用性强；而木材和塑料的质地较软，容易加工，可以制成较为复杂和丰富的镂空形态，但可能需要更多的维护。在面状镂空的设计中，图案的选择和设计也是非常关键的。图案的形状、大小、复杂度都会影响到镂空的效果。具体的图案设计需要设计师发挥创造性思维，结合景观的主题和环境来设计。例如，可以选择具有象征意义的图案，来表达某种主题或者概念；也可以选择具有韵律感和动态的图案，来带动空间的氛围和节奏。此外，面状镂空的设计还需要考虑到光影的效果。通过设计师精心布局和角度的选择，镂空部分在阳光的照射下，可以形成丰富且富有变化的光影效果，从而增添空间的活力和趣味性。

2. 立体镂空

立体镂空的形态可以非常丰富，它可能出现在雕塑、照明设备、家具甚至建筑结构中。这些镂空的形状、大小和深浅都可以根据设计需求

而定，它们可以是规则的几何形状，可以是不规则的抽象图案，也可以是具有象征意义的符号和图像。这些镂空的设计不仅给人带来强烈的视觉冲击，还能增强园林景观的空间感。

立体镂空的设计，需要考虑其与周围环境的关系及其在空间中的位置和角度。这需要设计师对空间有深入的了解。例如，一座镂空的雕塑，如果放在园林的中心位置，那么它就可能成为整个空间的焦点；如果置于一个角落或者边缘位置，那么它就可能作为一个视觉的引导或者提示，引导人们的视线和步伐。材质的选择在立体镂空的设计中也十分关键。木材、石材、金属和塑料都是常见的选择。不同的材质有不同的质感和效果，也会对镂空的细节和持久性产生影响。例如，木材和石材的质地较硬，适合表现较为粗犷和自然的效果；金属和塑料的质地较软，可以实现较为精细和细腻的镂空效果。另外，立体镂空设计的成功与否，还与其光影效果密切相关。阳光通过镂空的部分投射出的光影，可以在地面、墙面或者其他表面形成丰富而多变的图案，给园林带来丰富的景观效果。

五、现代园林景观中镂空艺术手法的应用功能

（一）实用功能

1. 通风

对于园林景观的设计而言，良好的通风是必不可少的。它对于环境的温度、湿度和空气质量有着显著影响，能提升游客的舒适感，使其在开展户外活动时更加愉快。镂空设计可以大大提高空气流通性，无论是在园林家具（如长椅、凉亭等）中，还是在园林装饰（如雕塑、装饰墙等）中，都有所应用。例如，在长椅设计中，镂空手法能够让空气流过，有效地减少热量的聚集，给人们提供一个凉爽的休息场所。同样，在凉亭设计中，镂空手法能实现更好的通风效果，即使在夏季炎热的阳光下，也能为人们提供一个清凉的避阳之处。

2. 采光

镂空设计通过在固体材质中创造出空隙，形成一种物理形态的负空间，使阳光可以透过这些空隙照射到通常被阴影遮盖的地方。这不仅改变了光线的分布，还可以创造出迷人的光影效果，丰富园林的空间层次感。例如，设计师在遮阳棚、休息亭、装饰墙等的设计中应用镂空手法，能够让阳光透过空隙投射在地面上，形成光影画面，这样既可以遮挡阳光，又不会让空间显得阴暗，更为重要的是，这种特殊的光影效果可以为园林景观增添魅力。在雕塑或公共艺术装置的设计中，也可以运用镂空手法。光线透过雕塑的镂空部分，可以形成丰富的光影效果，赋予雕塑生动的光影性质，同时，加强雕塑与周围环境的交互性。

3. 排水

在许多景观要素中，如步行道、座椅、地面铺装、景观墙等，通过镂空设计，可以有效地导引和处理雨水。当雨水落在这些镂空的元素上时，可以通过镂空的空隙被引导走，进入地下的排水系统，防止积水现象的出现，保持场地的干燥和舒适。与传统的排水口相比，镂空设计不仅更具有审美感，还可以更好地融入园林景观，避免了排水设施对场地中景观视觉效果的影响。镂空设计还可以配合雨水收集系统，将雨水收集并存储起来，以满足园林的灌溉需求。这种方式不仅可以充分利用雨水资源，还有助于降低园林维护的耗水量，提升园林的环保性能。在一些特殊的园林景观中，如雨花台、雨幕等，通过镂空设计，可以将雨水落下的过程视觉化，形成独特的视觉效果和体验。雨水通过镂空的空隙落下，形成有节奏的雨滴声音，赋予园林景观更多的魅力。

（二）装饰功能

1. 层次美

层次美是指通过空间、材质、光影、色彩等元素，形成丰富多变的景观层次，从而达到艺术美的效果。

在空间上，镂空艺术手法通过实体部分与虚空部分的结合，形成一

种新的空间关系，形成丰富的空间层次。实体部分（如墙、雕塑等构筑物）坚固、稳定，形成视觉的前景和中景；而虚空部分（如镂空的洞口、缝隙等）透明、轻盈，成为视觉的远景。这种前、中、远景的层次关系，不仅丰富了空间的视觉效果，也提升了空间的艺术性。

在材质上，镂空艺术通过多样化的材质选择和处理，使同一景观元素具有多样的质感和视觉效果。比如，同一件镂空的景观雕塑，它的实体部分可能是粗糙的石材，给人一种坚硬厚重的感觉，而虚空部分可能是光滑的金属，给人一种光洁明亮的感觉。这种不同材质的对比和交融，形成了丰富的质感层次，增强了观赏性。

在光影上，镂空艺术通过创造出不同的光影效果，增强了景观的动态感和趣味性。白天，阳光透过镂空部分投射到地面上，形成各种光影图案；夜晚，灯光从镂空部分照射出来，营造出神秘的氛围。这种光影的变化，不仅使景观随时间的变化而产生丰富的景观效果，还提升了景观的趣味性和惊喜感。

在色彩上，镂空艺术通过对色彩的巧妙运用，形成了丰富的色彩层次。例如，实体部分的色彩可能是暖色系的颜色，给人一种热烈、明快的感觉；虚空部分的色彩可以是冷色系的颜色，给人一种安静、淡雅的感觉。实体部分和虚空部分色彩的对比与交融，可以形成丰富的色彩层次，使景观更具视觉冲击力和吸引力。

2. 通透美

镂空艺术手法可以使现代园林景观具有透明感和轻盈感，或者称为“通透之美”，提升景观魅力。这种通透之美主要通过镂空手法削弱景观元素的物质性和重量感，充分利用镂空结构引入自然光线来实现。

通常园林景观元素，如石亭、廊架等，会选用砖石、混凝土、金属等质地坚固的材料，以确保其耐久性。然而，这些材料的高密度和大规模无变化的布局可能会给观者带来沉闷与压抑的感觉。在现代园林景观中，通过巧妙的设计和使用镂空艺术手法，即使是重量感强的大型钢构廊架和粗砖石亭子，也能让人感受到一种轻盈和通透的美感。以经典的欧式石亭为例，尽管其柱式设计显得粗大，但如果适当增加柱间距，并利用金属片将顶部设计成半球形的镂空结构，那么这样的设计既可引人注目，又能让人享受到光影的变化。此外，通过在大量亭廊的顶部采用镂空设计或结合玻璃材料，这些原本完全封闭的建筑物顶部也能带给人们轻盈而不压抑的感觉。这些都归功于镂空艺术手法，其使构筑物的设计有了更多可能性。

镂空艺术手法在现代园林景观中创造的通透之美，不仅仅是通过减轻材料自重和引入光线实现的，更是通过镂空设计的虚实相生，以及与周边环境的和谐交融实现的。总的来说，这种通透之美，使重量感强的建筑物变得轻盈而不失稳固，使封闭的空间变得通透而又有私密性，使园林景观呈现出更丰富、更动态的视觉效果，给人们带来更为舒适和愉悦的体验。

3. 图案美

现代园林景观的镂空图案，既可以源于自然形态，如花草、鸟兽等，又可以源于优秀传统文化，如古老的纹样或符号，也可以源于设计师的想象。通过镂空技术，这些图案被成功地运用于园林景观中，以一种极具视觉冲击力和艺术感染力的形式，呈现在公众眼前。不同的图案类型会产生不同的视觉效果和情感反应。例如，融合了自然元素的镂空图案，如鸟兽、花草的形态，常常能引起人们对大自然的敬畏和赞叹，使人感受到生命的活力和美；而蕴含着丰富历史文化内涵的镂空图案，如古老的纹样或符号，往往能引起人们对历史、传统和文化的思考与怀念。无论是源于自然的、文化的图案，还是设计师想象的镂空图案，都能为现代园林景观增加艺术性和观赏性，从而吸引与引导游客的观赏和参与。设计师通过巧妙的设计和排列，可以把单一的图案变化为无尽的形式和模式，从而创造出丰富多样的视觉效果。例如，通过镜像、旋转、缩放等方式，可以让原本单一的图案变化出无尽的形式，带给人们无尽的视觉享受。

在现代园林景观中，镂空图案不仅具有装饰功能，还可以结合场地

的具体条件和功能需求，发挥指示、分隔、遮蔽等作用。例如，通过镂空图案的指示性设计，可以引导游客的行进，或者在需要隐蔽的地方，通过镂空图案的遮蔽性设计，可以为游客提供必要的私密空间。

六、镂空艺术手法应用于现代园林景观的基本原则

（一）明确使用目的

设计师需要在设计初期就明确园林景观的设计目的，这将决定镂空图案的选择、尺度的确定、材料的选择等。例如，如果园林景观设计的主要目的是装饰，那么设计师可能就会选择具有一定艺术性和视觉冲击力的图案，以增强园林景观的艺术性和观赏性。如果园林景观设计的主要目的是通风和采光，那么设计师可能就会选择较大的镂空尺度和适合的材料，以确保空气和光线可以顺利通过。

明确使用目的也意味着设计师需要考虑到园林景观的使用者和使用场景。例如，如果园林景观主要是儿童使用，那么在镂空设计上就需要考虑安全性的问题，避免设计出可能造成伤害的尖锐角或边缘；如果园林景观位于公共空间，那么在镂空设计上就需要考虑到公众喜好的多样性，确保设计的镂空图案可以符合不同人群的审美喜好。

（二）保持风格统一

当使用镂空艺术手法时，需要与园林景观的整体风格相吻合。这包括图案选择、尺寸、材质、颜色等各方面，都需要与园林的主题、风格，以及其他设计元素保持一致。例如，对于一个以自然主题为主的园林景观，可能会选择树叶、花朵等自然元素作为镂空图案。同样，对于一个现代主题的园林景观，镂空设计可能会倾向于选择几何图形或者抽象线条。设计师在进行镂空设计时，还需要考虑园林景观的环境和背景，确保其与周围环境相协调。例如，如果园林景观位于一个历史文化区域，那么镂空设计就需要结合当地的历史文化元素，确保其与周围环境和谐

统一，具有历史感和地方特色。

（三）结合周边环境

从自然环境的角度来考虑，镂空设计需要考虑周围的自然环境元素，如光照、湿度、气温等因素。例如，如果镂空设计所在地的日照充足，那么就可以在进行镂空设计时利用光影变化增强景观的立体感；如果镂空设计所在地的湿度大，那么镂空设计材料就需要具备良好的防潮性能。从社会环境的角度来看，镂空设计需要考虑到周围的社会环境和使用者需求。例如，在人流密集的地方，可以通过镂空设计的通风功能提升环境的舒适度；在需要宁静的地方，可以通过精心设计的镂空图案增强景观的艺术性和视觉享受。从文化环境的角度来看，镂空设计需要考虑到镂空设计所在地的文化背景和历史内涵。例如，在具有深厚历史文化内涵的地方，可以借助镂空设计展现文化精髓，如使用具有代表性的图案或符号；在现代化城市环境中，可以通过镂空设计体现出现代审美和设计理念。

（四）结合要素特征

设计师在使用镂空艺术手法时，需要考虑到园林景观中各种元素的特性和功能，以确保镂空设计与这些元素相协调，从而提升园林景观的整体视觉效果和功能性。例如，如果是在一个休闲公园中进行镂空设计，那么这种设计就需要考虑公园中游人的活动需求。在这种情况下，镂空艺术可能会采用较为开阔和简洁的设计，以提供视觉通透感和空间开放性，符合游人的休闲和游玩需求。如果是在一个庄重的纪念性场所中设计镂空艺术，那么这种设计就可能会选择复杂和具有象征性的图案，以增强场所的文化象征意义和纪念性。

（五）实用功能为先

在应用镂空艺术手法时，首先考虑的应当是该景观的实际用途，其

次才是如何增强视觉效果，提升景观魅力。如果仅追求装饰效果，却忽视了实用性，可能会导致园林景观在满足使用者需求方面的失效。例如，在设计一座凉亭时，首要的任务应是保证凉亭能够遮阴，为游客提供一个休息的地方。在此基础上，设计师可以采用镂空设计增加凉亭的视觉吸引力，如在亭子的顶部或墙面上添加镂空图案。如果镂空的程度过高，可能会导致亭子无法有效地遮挡阳光，就会失去其遮阴的功能。同样地，如果在步道上应用镂空设计，步道首先需要确保游客可以安全、舒适地行走。设计师在保证步道稳固、表面平整的基础上，通过镂空设计增强步道的视觉效果，如在步道石板上雕刻镂空图案。但镂空的设计不能使步道表面变得不平或者可能让人滑倒，使步道无法发挥其应有的功能。

七、镂空艺术手法应用于现代园林景观设计的注意事项

（一）选择适宜的镂空图案

镂空图案需要与景观设计的主题和风格相匹配。例如，在现代简约风格的园林景观设计中，简洁的几何形状和线条可能是理想的选择；在传统或者古典风格的园林设计中，可能会选择描绘植物、动物或者古典图案的镂空设计。总之，选择的镂空图案需要在视觉上与园林景观整体相协调。另外，镂空图案还需要考虑实用性。例如，如果镂空设计应用于座椅或长凳上，那么设计师就需要确保镂空图案不会对使用者造成伤害或者令使用者不舒服。此外，如果镂空设计应用于阳光充足的区域，那么可能需要选择不会过于遮挡阳光的图案，以确保充足的光照。

（二）选择适宜的镂空方式

首先，选择镂空方式应考虑镂空设计在空间中的位置和角度。在一些特定的位置，如走廊、栅栏或者墙体，选择面状镂空既可以增强视觉穿透性，引导视线，也能增强空间的层次感。而在一些需要聚焦视线的地方，例如，雕塑或独立的景观元素，可能选择立体镂空更为合适，能

够产生丰富的光影效果，增加空间的艺术感。其次，选择镂空方式要考虑镂空方式对功能的影响。例如，如果设计中需要镂空的景观元素具有通风或采光的功能，那么应选择具有一定透气度或透光性的镂空方式；如果需要防止儿童攀爬，那么可能需要选择孔径较小的镂空方式。再次，选择镂空方式要考虑镂空的形状和尺寸，因为其镂空形式和尺寸会影响景观元素的结构强度与耐久性。

（三）加强镂空正负形对比

不论是镂空正形还是负形，在室外复杂的环境中，都要通过对比凸显其存在并引起观者的注意。在景观设计中，镂空正形是实体景观要素，而负形则是通过镂空看到的景观，即实体景观要素的背景。然而，当背景和实体之间非常接近时，往往会导致镂空图案中的正形和负形难以区分，观者很难看清楚镂空的轮廓边线，从而无法体会到镂空艺术手法的魅力。为了解决这个问题，在应用镂空艺术手法时，可以加强实体和背景之间在材质、照度、颜色等方面的对比，以加大两者之间的视觉差距。此外，还可以控制镂空孔洞的大小与背景景观之间的关系，以增强正形和负形之间的对比效果。通过这些方法，能够有效地提升镂空图案中正负形的区分度，使其在园林景观中展现出更好的效果。

（四）确定适宜的镂空观赏面

在确定镂空观赏面时，要考虑空间布局和人流动线。镂空部分应位于游客的视线高度范围内，以使游客从最佳的观赏视角对其进行观赏。观赏面的位置应根据人流动线的走向进行合理安排，通过镂空部分引导人们的视线和行走路径，给人们带来连续而富有变化的空间体验。确定适宜的镂空观赏面，还要考虑镂空观赏面的光照效果。通过对镂空部分的巧妙处理，可以创造出丰富的光影效果，增强空间的视觉魅力。例如，在阳光充足的地方，选择具有较大开孔的镂空图案，可以形成明暗交错、变化无穷的光影效果；在光照较弱的地方，选择开孔较小的镂空图案，

可以营造宁静、神秘的氛围。

第四节　现代技术在园林景观设计中的应用

一、GIS 技术与园林景观设计

（一）GIS 技术概述

地理信息系统（GIS）是一个理念和实践的不断发展过程，这个理念从 20 世纪 60 年代起就开始在罗杰·汤姆林森（Roger Tomlinson）的思想中萌芽，他是第一个将 GIS 定义为处理地理数据系统的人。然而，随着时间的推移，人们对 GIS 的认识不断深化，其内涵也在不断地扩大。GIS 这个术语，虽然是“Geographical Information System”的首字母缩写，有些人也将其解释为“Geo-information System”。值得注意的是，对 GIS 中“S”的理解主要有四层：系统（System）、科学（Science）、服务（Service）及研究（Studies）。

1. 系统（System）

在这个意义上，GIS 是一个对地理数据进行处理的计算机系统，从技术角度描述地理信息系统，是存储、分析评估、管理地理数据的设施。GIS 在技术层面尝试解决问题、增添新功能或开发新系统。其主要功能包括定义问题、获取软件或硬件、采集和获取数据、建立数据库、进行分析、解释和呈现结果。地理信息技术是一种收集和处理地理信息的技术，包括全球定位系统（GPS）、遥感（RS）和地理信息系统（GIS）。这样看来，GIS 涵盖了空间数据处理和应用开发。

2. 科学（Science）

这是对 GIS 更为广义的理解，也被称为“地理信息科学”。它注重理论与技术的结合，主要研究地理信息系统背后的理论和概念。

3. 服务（Service）

随着遥感、IT 技术及因特网技术的应用和发展，GIS 已经从单纯的技术研究型转向服务型。例如，导航 GIS 的诞生和 Google Earth 的发展，GIS 已经成为人们日常生活中的一部分。为了避免混淆，一般用 GIScience 或 GISci 表示科学，用 GIService、GISer 表示服务，用 GIS 表示技术。

4. 研究（Studies）

在这里，GIS 指的是“Geographic Information Studies”，主要研究地理信息技术引发的社会问题，如地理信息的经济学问题、法律问题、人口问题等。

（二）GIS 的功能

GIS 的功能主要包括五大点，如图 4-3 所示。

图 4-3　GIS 的功能

1. 数据收集和存储

GIS 可以收集各种类型的地理数据，包括实地观测、遥感图像、数字地图、人口统计数据等。在数据收集阶段，GIS 系统可以接收来自现场调查、测量仪器或传感器的实时数据。这些数据可以是地理位置、地形高程、土壤质量、气候指标等方面的数据。收集的数据可以通过数字

化的方式转换为数字地图，包括矢量数据和栅格数据。矢量数据表示地理要素的几何形状和属性信息，如点、线、面等；栅格数据以像素网格形式表示地理要素，可以用于表示连续的空间特征。

2. 数据分析

GIS 能够进行复杂的数据分析，通过将不同图层的数据叠加在一起，识别和分析不同地理要素之间的关系。例如，可以将土地利用图层与环境敏感区域图层叠加，以确定哪些土地的利用可能会对特定的环境产生影响。GIS 可以在地理要素周围创建特定半径的缓冲区，可以分析与该要素相关的空间特征，如可以在一条河流周围创建缓冲区，确定河流周围的环境保护区域。GIS 还可以通过模拟观察点的视野范围，分析地理空间中可见和不可见的区域。这种分析可以用于景观规划决策、视觉影响评估等方面。

3. 数据可视化

GIS 可以将地理数据以图表的形式呈现，如柱状图、饼图、散点图等。通过图表，可以更清晰地展示地理数据之间的关系和趋势。例如，可以使用柱状图比较不同地区的人口数量，使用折线图反映气温的变化趋势，使用饼图展示土地利用类型的比例等。数据可视化不仅可以使地理数据更易于理解，还可以帮助用户发现数据中的模式、变化趋势和异常情况。通过交互式的可视化工具，用户可以根据自己的需求对数据进行探索和分析，从而更深入地分析数据，获得决策支持。

4. 数据管理

GIS 在数据管理方面具有强大的功能，使用户能够方便地导入、导出、更新、查询和检索地理数据，实现对数据的有效管理和维护。用户可以将各种格式的地理数据导入 GIS，如矢量数据、栅格数据、遥感影像等。同时，GIS 也可以将处理过的数据导出为各种常见的数据格式，方便与其他系统进行数据交互和共享。用户可以对已有的地理数据进行修改、更新和编辑，确保数据的准确性和完整性。例如，可以通过 GIS 对道路信息进行更新，添加新的道路信息或删改旧的道路的信息，保持数据的时效性。用户还可以根据特定的条件和要求对地理数据进行查询与筛选，快速找到所需信息。通过灵活的查询语言和条件设定，进行空间查询、属性查询等多种方式的数据检索，提高数据利用的效率和查询的精确性。

5. 决策支持

GIS 可以提供空间分析和模拟工具，帮助决策者对城市规划、土地利用、环境管理等方面进行评估和分析。决策者可以利用 GIS 对不同的开发方案进行模拟和比较，评估其对环境、社会和经济等方面的影响，从而选择最优的方案。GIS 还可以支持在决策过程中的空间查询和空间分析，帮助决策者快速获取相关信息，了解问题的空间特征和潜在的影响因素。通过 GIS 的空间分析功能，决策者可以识别和评估不同区域的潜在风险、优势和限制，做出正确决策。

（三）GIS 技术应用于园林景观设计的对策

1. 强化 GIS 培训

为了有效地运用 GIS 技术，需要对园林景观设计师进行 GIS 技术培训，提高其 GIS 软件操作熟练程度和地理信息处理的能力。培训应包括 GIS 软件的基本操作和功能介绍。设计师需要了解 GIS 软件的界面和工具，学习如何创建、编辑和管理地理数据，掌握关于地图投影、坐标系统和数据格式的基本知识。培训应注重实际应用和案例分析。通过实际案例的讲解和分析，设计师可以学习如何应用 GIS 技术解决园林景观设计中的空间问题和满足决策支持需求。例如，通过模拟和分析不同植被布局对景观效果的影响，或者通过评估地形和水资源的分布，优化水景设计和水资源利用方式。培训还应强调实践操作和项目实践。设计师需要在实际项目中应用所学的 GIS 技术，通过实践操作提升技能和经验。可以让设计师参与团队项目或模拟项目，使其在实际的工作环境中运用 GIS 技术，解决真实的空间问题，培养解决问题的能力和合作的能力。

2. 建立数据资源库

GIS 的数据处理能力是其强大功能的基础，因此，需要建立完备的地理信息数据资源库，包括地形、土壤、植被、水文等数据。地形数据对于园林景观设计至关重要，通过获取地形数据，可以了解地势的高低起伏、坡度、水流走向等信息，从而对景观元素的布局和水资源的利用进行规划与决策。不同类型的土壤具有不同的营养成分和排水特性，了解土壤的质地、酸碱度和水分保持能力等信息，可以帮助设计师选择合适的植物，并确定植物适宜种植的位置。植被数据可以提供关于植物分布、物种多样性和植物生长状况等信息。通过获取植被数据，设计师可以了解不同区域的植物群落结构和特点，从而在景观设计中合理选择、配置植物，创造出丰富多样的植被景观。通过获取水文数据，可以了解水体的分布、水质状况、水流速度和水文特征等信息，从而帮助设计师合理利用水资源和水景元素，营造出具有吸引力和满足功能需求的水景。

3. 建立科学的分析模型

通过 GIS 技术，人们可以建立各种科学的地理信息分析模型，如生态敏感区分析、景观视觉分析等，这需要设计师具备一定的模型建立和分析能力。生态敏感区分析是一种基于地理信息数据的生态环境评价方法，通过对地形、土壤、植被、水文等数据的综合分析，识别出具有生态敏感性的区域。这有助于设计师在规划和设计过程中合理考虑生态系统的保护和可持续发展，确保景观与环境的协调性。景观视觉分析是通过 GIS 技术模拟人眼对景观的感知，从而评估不同位置的景观视觉品质。通过分析地形、植被、建筑物等因素，结合视觉心理学原理，可以定量评估不同景观元素的可见性、景观的丰富度和连续性等，为景观设计提供关于视觉效果的科学评估。

为了建立科学的分析模型，设计师需要具备一定的模型建立和分析能力。首先，设计师需要了解并掌握 GIS 软件的基本操作方法和数据处理技术，能够对地理信息数据进行处理和分析。其次，设计师需要理解不同模型的原理和应用场景，选择适合的模型进行分析。最后，设计师需要对分析结果进行解读和应用，根据科学的分析结果做出设计决策，优化景观设计方案。

4. 提高公众参与度

借助 GIS 技术，可以实现设计方案的可视化，以便公众理解和参与设计。可以开发相关的公众参与平台，使公众能够表达对设计方案的看法、提出建议和意见。设计师可以根据公众的反馈调整设计方案，以更好地满足公众的需求。通过 GIS 技术，还可以将设计方案与实际场地的地理信息数据进行叠加分析，展示设计方案在空间上的布局、功能分区等，使公众能够更直观地了解设计方案的空间布局和特点，并提出意见。

5. 实施跨学科合作

通过 GIS 技术，可以将地理信息、生物信息、美术信息等不同学科的数据进行整合和分析。设计师可以借助 GIS 平台，将不同学科的专业数据融合在一起，实现跨学科的数据共享和交流。地理信息可以提供场地的地形、地貌、水文等信息；生物信息可以提供植物分布、生态环境等数据；美术信息可以提供设计的艺术表现形式。这样，设计师就可以在综合考虑各种数据的基础上进行设计，实现更全面、更精细的景观规划和设计。

跨学科合作还可以促进设计理念的创新和发展。不同学科的专业人员可以共同探讨和研究园林景观设计的理论与方法，结合各自的专业知识和技能，创造出独特又具有创新性的设计方案。例如，地理学家可以提供对地形和环境的分析与评估，生物学家可以提供对植物生态和生物多样性的了解，美术学家可以提供艺术表现的创意和技巧。通过跨学科合作，可以发挥各方的智慧和创造力，为园林景观设计带来新的思路和可能性。

6. 加强后期管理

园林景观设计的完成并不意味着结束，园林景观后期的管理和维护也很重要。GIS 技术可以实现信息的可视化和空间分析，通过 GIS 的空

间分析功能，可以确定植物布局和种植区域，优化景观维护的路线和资源分配。通过地图展示和图表呈现，可以将数据和分析结果直观地展示给管理人员，帮助他们更好地理解和应对在景观管理中的问题。GIS 技术还可以与其他管理系统进行集成，如通过将 GIS 与设备管理、人员调度等系统进行集成，可以实现管理的优化，提高后期管理的效率和准确性。

7. 优化设计流程

在传统的园林景观设计流程中，设计师通常需要在纸上或计算机软件上进行手绘或数字化设计，这种设计方法可能会忽略一些地理信息，导致后期出现一些不可预料的问题。而借助 GIS 技术，设计师可以在设计初期就将地理信息纳入考虑范围。例如，进行概念性设计，设计师可以在地理信息系统中导入各种数据图层，如地形数据、植被数据、土壤数据等，以及相关的地理数据，如气候数据、降水数据等。通过对这些数据的可视化和分析，设计师可以更好地了解和利用场地的地理特征与条件。在概念性设计阶段，GIS 可以帮助设计师进行空间分析、视觉分析、可达性分析等，以优化景观布局、植物选择和路径规划。通过 GIS 的空间分析功能，设计师可以评估不同设计方案在空间上的适应性和相互关系。视觉分析还能帮助设计师预测不同设计方案对人们视觉体验的影响，以取得更好的景观效果。可达性分析可以帮助设计师确定路径和交通规划，以提供方便和可持续的出行方式。

二、VR 技术与园林景观设计

（一）VR 技术概述

虚拟现实（Virtual Reality，VR）是一种使用计算机技术模拟生成的技术，能创造出一个三维的虚拟世界，让人仿佛身处其中。这个技术以对真实世界的模拟为基础，利用电脑设备生成逼真的图像、声音等多种感官刺激，使用户在虚拟环境中能够获得沉浸式体验。VR 技术主要包含三大部分：虚拟环境生成系统、人机交互系统和感知反馈系统。虚拟环境生成系统负责生成虚拟世界，提供虚拟对象和场景；人机交互系统则能让用户通过多种方式（如手势、语音等）与虚拟世界进行互动；感知反馈系统则能将用户在虚拟环境中的行为变化实时反馈给用户，如视觉反馈、听觉反馈、触觉反馈等，以增强用户的沉浸感。

（二）VR 技术的特性

1. 沉浸感

所谓“沉浸感”，指的是通过 VR 技术产生的强烈在场感，让用户如同置身于虚拟环境中。这种体验超越了传统的媒体表达方式，如阅读或者观看电影，因为用户不再是被动地接收信息，而是在虚拟的环境中主动地探索和互动。沉浸式的体验通常通过视觉、听觉、触觉等多种感官融合实现。在视觉上，VR 技术能够生成三维的立体图像，并通过头戴式显示设备展示，这使用户感觉自己置身于一个 360° 的环境中。在听觉上，VR 设备会根据用户在虚拟环境中的位置和方向，通过立体声技术模拟出相应的声音效果，增强虚拟环境的真实感。在触觉上，通过特殊的设备，如振动手柄等，可以为用户提供触觉反馈，使用户能够“感觉”到虚拟环境中的物体。沉浸式的体验不仅限于视觉、听觉和触觉体验，还可能涵盖其他的感官体验，如嗅觉体验和味觉体验等。虽然这些感官的 VR 技术还处于初期阶段，但未来有可能通过这些技术更加完整地模拟出虚拟环境，使体验更加具有沉浸感。

2. 交互性

在交互性的实现方面，主要依赖于先进的输入设备和智能算法。例如，手持设备（如 VR 手柄）和体感设备（如动作捕捉设备）能够捕捉用户的手势与身体运动，然后将这些物理动作转化为在虚拟环境中的操作；语音识别技术也能用来实现用户与虚拟环境的交互，让用户可以直接用语音指令操作。交互性的体验不只局限于用户对虚拟物体的操作，还包括用户与虚拟环境中的 AI 角色进行交互。这种人工智能的交互性体

验是一种复杂和富有深度的沉浸式体验，使用户在虚拟环境中能进行更加丰富多元的活动。随着 VR 技术的不断发展，交互性的体验也在日益丰富。比如，触觉反馈技术能模拟出虚拟物体的触感，使用户在与虚拟物体进行交互时，能够获得更加真实的触觉体验。

3. 构想性

构想性体现在 VR 技术对虚拟世界的创新和改变上。在虚拟世界中，设计者可以创建出各种现实世界中难以实现的场景，如无重力空间、超越时间和空间的旅行等，这都依赖于 VR 技术的构想性特质。在虚拟世界中，一切都可以根据构想而设定，如环境、物体、角色等，都可以按照设计者的意愿进行创新和改变。构想性还体现在 VR 技术的应用上。VR 技术目前已经在游戏、娱乐、教育、医疗等多个领域得到应用，随着技术的发展，未来 VR 可能应用于更多的领域，如在建筑设计、城市规划、航天探索等领域，可以借助 VR 技术进行模拟实验和预测分析，这些都是借助 VR 技术的构想性实现的。

（三）VR 技术在园林景观设计应用中的意义

1. 真实体验最终的效果

VR 技术使设计师能够生成一个三维的虚拟环境，用以展示园林景观设计的概念和构想。通过这种方式，设计师能够全方位地展示设计思路，并能在早期就获取反馈。VR 技术还提供了一种沉浸式体验，让人们仿佛置身于园林景观中，这种真实的体验感远超过传统的二维图纸或者三维模型，让人们可以直观地感受到空间布局、景观元素、光线照射等设计细节，从而更加深入地理解设计意图。借助 VR 技术，可以进行更为细致和具象的模拟，如可以模拟不同季节、不同时间、不同气候条件下的园林景观效果，让人们可以预知景观在各种实际情况下的最终效果。VR 技术也可以创建出动态的场景，如模拟风吹草动，模拟水流潺潺，模拟树木摇曳等，这些动态的元素为园林景观设计带来了更强的生动感和真实感。

2. 对不同方案进行比较和修改

借助 VR 技术，可以轻松创建多个设计方案的三维模型。这些模型不仅可以展示出设计的形状和空间布局，还能模拟光线、阴影、色彩和质感等细节，甚至可以模拟风吹草动、水流潺潺等动态效果。这样的模型对于揭示设计方案的优点和缺点，以及进行方案之间的直观比较，都有着无可比拟的优势。更为重要的是，借助 VR 技术，可以在虚拟环境中进行方案修改。设计师可以在模型中添加、移除或修改元素，可以更改元素的位置、尺寸、颜色和质感，甚至可以调整光线和天气等环境条件。通过这种直接在三维模型中进行修改的方式，设计师不仅能够立即看到修改的效果，还能在实际的空间和环境中感受到修改的影响，这对于提高修改的精度和效率有很大的帮助。

3. 节省了人力、物力、财力

在传统的园林景观设计过程中，设计者需要花费大量的人力和时间绘制平面图与立面图、制作模型、计算材料用量及成本，而且这些工作往往需要反复进行，直到方案被最终确定。而利用 VR 技术，设计者只需要在电脑上操作，就可以快速创建出逼真的三维模型，而且可以随时进行修改和优化，极大地节省了人力和时间。过去，设计者可能需要制作实体模型或者进行小范围的实地试验，以便更好地了解和展示设计方案，这无疑会消耗大量资源。如今，借助 VR 技术，设计者可以在虚拟环境中进行试验和展示，无须消耗任何实际的材料和资源。通过 VR 技术，还可以减少设计误差和修改次数，从而减少因设计错误或设计改动而造成的额外成本。

（四）VR 技术在现代园林景观设计中的应用

1. 运动中感受园林的空间

空间理解的过程并不需要直接地观察，而是通过适当的方法进行空间分析以获得更深入的理解。空间分析通常涉及对空间的动态和静态观察。在园林景观设计中，设计师只有通过对空间的深入研究和分析，才

能获得全面的空间印象。

过去的方法通常需要设计师拍摄一系列的照片，然后对这些照片进行分析，以获取空间的感觉。虽然这种方法在一定程度上可以实现空间分析的目的，但其效果并不理想，并且与真实体验有一定的差距。例如，一系列的透视草图和照片只能提供一部分的空间信息，而动画则通常是固定的，只能沿着一条预设的路径进行，当需要改变观察的路径或角度时，用户往往需要等待一段时间才能看到结果。这种传统的园林设计方法缺乏交互性，不能满足用户自由体验空间的需求。VR 技术的出现改变了这一情况，VR 技术允许用户在虚拟环境中自由选择观察角度和路径，提供了更真实的空间体验。虚拟现实不仅仅是对空间的视觉展现，更通过不同的视角变化，让用户可以充分地对空间进行感知，为空间理解提供重要的技术支持。

2. 模拟多种运动方式

在风景园林空间的体验中，人们的情感反应多种多样，显示出高度的多样性。人们在享受风景园林时，可以选择乘坐电梯或步行，这完全取决于个人的选择。虚拟现实技术在这里发挥了重要的作用，它可以模拟多种运动方式，如乘车、旋转、飞行等，这些都是在虚拟环境中常见的体验方式。在虚拟现实环境中，用户可以自由选择运动方式，并根据实际需求，设定相关参数。例如，设定步行速度，确保用户能在风景园林中自由漫步。利用园林的外部空间，用户可以在电梯中欣赏到不断变化的视角，整个园林的景色也一览无余，为用户带来一场视觉的盛宴。

3. 特定角度观察环境

在风景园林的设计过程中，对于部分特定观察角度的环境而言，目前已经成为风景园林设计研究的重点。例如，主要节点、入口处等都是重点研究的对象。在风景的实际设计过程中，通过发挥 VR 技术的优势，有助于实现多角度的设定。在实际的设计过程中，设计者将鼠标放在场景中进行定位，即可实现场景转换。

4. 实时风景园林设计元素的编辑

在探索空间组合时，可以通过调整色彩和形状构件实现这一目标。此外，还可以实时布局环境和进行绿化操作，模拟随时间推移的街道景色。当利用此技术编辑时，设计师可以详细安排，利用 VR 技术的特性，编辑园林中的任何元素，以满足园林设计的实际需求。在园林设计过程中，植物是常见的设计元素。植物处在一个持续变化的状态中，这需要设计师充分注意并认识到植物变化可能带来的影响。此外，借助 VR 技术能够更轻松地替换植物种类。在相同条件下，不同的植物会有各自不同的生长效果。同时，可以模拟植物在不同生长阶段的景观效果。

5. 模拟和建模软件的应用

科技的不断进步推动了专业植物生长模拟和建模软件的开发，并且这些软件的实际应用在景观设计中扮演了重要角色。借助这些模拟和建模软件，可以根据植物学的规律和实际观察效果，生成随时间变化的模型。这些软件可以生成与照片无异的二维模型和图像，这些模型和图像在虚拟现实系统中输入后，可以模拟不同阶段的植物生长。对于不同季节的叶子颜色和密度，通常可以利用专门的软件参数化生成技术实现，从而能够模拟不同季节的植物。在树木生长过程中，光照和树木会相互竞争空间，从而导致景观发生变化，与预期设定的效果出现明显差距。VR 技术的应用，能够更好地发挥其编辑功能，很好地对上述现象进行真实的模拟，避免出现设计方面的错误。①

① 陈阳 .Lumion 软件在园林设计中的应用 [J]. 林业调查规划，2016（4）：145-148.

第五章　现代公共设施的园林景观设计与表现

第一节　公共设施概述

一、公共设施的概念

公共设施是由政府提供的属于社会的，给公众享用或使用的公共物品或设备。按经济学的说法，公共设施是政府提供的公共产品。从社会学来讲，公共设施是满足人们公共需求（如便利、安全、参与）和公共空间选择的设施，如公共行政设施、公共信息设施、公共卫生设施、公共体育设施、公共文化设施、公共交通设施、公共教育设施、公共绿化设施、公共屋等。城市公共设施不同于农村公共设施，具体来说，城市公共设施指城市污水处理系统、城市垃圾（包括粪便）处理系统、城市道路、城市桥梁、港口、市政设施抢险维修、城市广场、城市路灯、路标路牌、城空防空设施、城市绿化、城市风景名胜区、城市公园等。

二、中国传统公共设施的历史

对于公共设施的历史发展的讨论确实充满了挑战，这主要包括两个原因。首先，讨论公共设施的历史不得不涉及城市设计的历史。传统上，城市设计往往是由建筑、规划、工程、园林等大型项目主导的，这导致公共设施变成了它们的配套设施，使公共设施的历史变得较为模糊。其次，尽管人们对公共设施有分类的定义，但是由于它是一个开放且多变的系统，其内容繁多、发展快速、变化多端，既难以清晰地确定其范围，也难以全面且系统地研究其历史。

公共设施的发展与城市建设和建筑的演变密切相关，城市和建筑的发展历史进程就是公共设施的发展历史。当人们回顾过去时，我们会发现许多知名城市在与外族的长期战争中逐渐消失。虽然中国的古代城市也经历了类似的过程，但其大文化环境和历史一直延续至今，使中国城市的演化相对稳定。

《周礼·考工记》中对古代中国都城的空间布局进行了理想化的描述。第一，它突出强调了城墙、道路和皇宫在都城建设中的重要地位；第二，它明确了城市空间的中心对称制和等级划分明确的街道系统。这种礼制观念对中国后来城市的环境设施和建筑小品的设计、布局产生了深远影响。在城市环境中，这种礼制观念主要体现在墙壁、门楼和道路三个方面，它们种类多样，等级清晰。

（一）墙垣

在古代中国的城市环境中，特别是在大型的都城，墙体系统的发展是非常深入的。它们不仅协同道路一起划分城市空间，还构成一道道坚固的防线，至今仍是这些城市的显著特点。从城市的外围城墙到皇城的围墙，再到宫城内部的各围墙，一直到每个庭院中的围墙，它们共同构建了一个复杂的城墙等级系统。在一定程度上，宫殿基座上的各层栏杆也可以被视为一道墙，其让人能够远眺的功能是次要的。每个城市街区都有自己的围墙，每个家庭也都设有院墙，这构成了一张庞大的城墙等级表。这些城墙的辅助设施也十分多样，包括箭楼、角楼、门楼、护城河、吊桥等。

（二）门阙

门阙是与城墙同时诞生的设施，它们因城墙的等级和功能而有所不同。据历史记载，我国在春秋时期就已经有了阙。到了汉代，阙被分为

无门阙和有门阙，当时的门阙起着宫殿防卫和宣布政令的作用。然而，随着城市规模的扩大、防御需求的提高，以及礼制的影响，从汉唐时期开始，门阙进一步发展。一方面，用于防御外敌的城阙得到了进一步的完善；另一方面，城市内部的门阙在持续分化，如皇室的门阙逐渐演化为明清时期的城门和午门，民间的街坊门则演化为牌楼和房门。作为凸显空间层次和轴线对称格局的重要设施，门阙的相关辅助设施也在持续发展，如照壁、石狮、华表等。另外，门阙的建造和装饰也都有着严格的等级规定。

（三）道路

在中国的古代城市设计中，道路不仅提供了供人们和车辆通行的空间，还作为社交空间，满足了特定的礼仪需求。例如，在唐代的长安城，中轴线上的朱雀大街宽度达到了惊人的 150 m，而其他主要街道也达到了百米宽。尽管这些街道规模壮观，两侧配有排水沟，并种有树木，但路面仅由夯实的土壤构成。这种情况在明清时期的北京并未得到大的改善，中轴线上的道路除了主要路段铺设石板外，其他道路的路面质量仍然较差。

（四）塔、桥梁

在中国古代城市环境中，塔和桥梁的建设历史悠久，记录丰富。随着佛教寺庙的兴起，塔的建设在北魏时期达到了高峰，此后虽然经历了兴衰，但其发展一直持续到明清。古代城市中的桥梁多为梁桥和拱桥。虽然北宋的开封的虹桥已经不存在，但它在城市环境中无论如何都是一件引人注目的艺术作品。塔和桥梁在中国古代城市空间中分别构成了强烈的垂直和水平地标，成为人们回忆和怀念的地方。中国建筑和城市建设向近代的转变开始于清朝末年的洋务运动，尤其是在甲午战争后，由于外国列强的侵略，中国社会开始发生深刻的变化。在城市建设中，建筑材料和结构、建筑类型和形式开始向千年传统发起挑战。在中国的各租界城市，如上海、天津、广州等等城市，这种转变更为明显。电灯、自来水、便捷的交通工具和设施，甚至新型的学校、银行等的出现，改变了旧城市的面貌，推动了近代化的进程。在消极和积极的双重影响下，中国城市的功能和环境正在不断地改变。到了 20 世纪 30 年代后，西方建筑思潮再次影响到中国的主要城市，中国近代城市设施和建筑小品也开始在这片土地上出现。

三、公共设施的分类

（一）按服务对象分类

按服务对象分类，可以将公共设施分为面向全体公众的设施，或仅针对某一特定群体（如儿童、老年人、残障人士）的设施。例如，公园、图书馆通常面向全体公众，而儿童游乐场、老年人日间照料中心则针对特定群体。

（二）按功能分类

按功能分类，公共设施可分为教育设施（如学校、图书馆）、医疗设施（如医院、卫生站）、社区设施（如社区中心、公园）、文化设施（如博物馆、剧院）、体育设施（如体育场馆、健身中心）、交通设施（如公交站、地铁站）、环保设施（如垃圾处理厂、污水处理厂）等。

（三）按公共性分类

按公共性分类，可以将公共设施分为纯公共设施（如公园、广场、人行道）、半公共设施（如公立学校、公立医院）、私有公共设施（如私立学校、私立医院、商场）等。

（四）按管理和运营者分类

按管理和运营者分类，公共设施可以分为政府直接管理的设施、政府委托管理的设施、社会组织管理的设施、私人企业管理的设施等。

（五）按覆盖范围分类

按覆盖范围分类，公共设施可以分为社区级（如社区中心、社区图书馆）、镇街级（如镇街医院、镇街体育馆）、城区级（如大型公园、城区图书馆）、城市级（如城市博物馆、城市大剧院）等。

四、公共设施的功能

（一）实用功能

1. 提供基础设施服务

公共设施像是城市生活的血脉，包括水电气供应设施、环卫设施、交通道路、通信设备等基本设施。城市和社区需要稳定的供水系统、电力系统和燃气系统，以满足居民的日常需求。供水系统为居民提供饮用水、生活用水和工业用水，电力系统为居民提供电力能源，燃气系统为居民提供烹饪、供暖和燃料使用等服务。环卫设施是城市和社区的重要组成部分，包括垃圾处理设施、污水处理设施、公共厕所等。这些设施的建设和维护，保障了城市环境的清洁和居民的健康。交通道路是城市和社区的血脉，它们连接了各区域和地点，为人们提供出行便利。良好的交通道路网络可以减少交通拥堵，提高交通效率，促进经济发展和社会交流。通信设备（如电话、互联网等）也是基础设施的一部分，它们帮助人们沟通和交流信息，促进了信息时代的发展。

2. 提供公共服务

公共设施的功能还包括为公众提供的各种服务设施，如学校、医院、图书馆、公园、体育场所、公共娱乐设施等。学校提供教育和培训服务，为年轻一代提供学习的机会，培养他们的知识和技能。通过学校教育，人们能够获得全面的教育和文化背景，提升自身素质和竞争力。医院为公众提供健康咨询、治疗和护理等服务，保障居民的身体健康。图书馆是知识和文化的宝库，为公众提供各种书籍、资料和信息资源。公众可以在图书馆中阅读、学习和研究，拓宽自己的视野和知识面。公园是人们休闲放松的场所，提供了绿地、花草和户外活动空间。体育场所为人们提供了进行各种体育运动和锻炼的场地，促进了健康生活方式和身体素质的提高。公共娱乐设施如剧院、电影院、游乐园等，为人们提供文化娱乐的场所。公众可以欣赏各种艺术表演、电影、音乐等，享受多样化的娱乐体验。

3. 城市运行与管理

公共设施也涉及城市的运行和管理。例如，公共安全设施（如警察局、消防站）、城市规划和管理设施（如市政厅、区政府）、环保设施（如垃圾处理站、污水处理厂）等。公共安全设施（如警察局和消防站）是保障城市公共安全的重要机构，警察局负责维护治安和打击犯罪，保障市民的人身和财产安全；消防站负责灭火和救援工作，保障市民的火灾安全。城市规划和管理设施（如市政厅和区政府）是城市的管理机构，市政厅负责城市的整体规划和决策，制定城市发展战略和政策；区政府负责对区域内的事务进行管理和服务。环保设施（如垃圾处理站和污水处理厂）对城市的环境保护起着重要的作用，垃圾处理站负责处理和回收城市垃圾，减少对环境的污染和影响；污水处理厂负责处理和净化城市的废水，保障水资源的可持续利用和环境的健康。

4. 维护城市公共环境

公共设施，如公共绿地、街道照明、公交站亭等，对维护城市公共环境、改善城市景观、提高城市环境质量起到了重要作用。公园、花坛、绿化带等绿地设施不仅提供了人们休闲娱乐的场所，还改善了城市的空气质量和生态环境。街道照明设施在夜间提供了良好的照明效果，提高了市民的安全感和行车安全。良好的街道照明不仅美化了城市夜景，还减少了犯罪的发生率，提高了城市的整体形象和品质。公交站亭提供了市民等候公共交通工具的场所，为市民出行提供了便利。

5. 提供社区服务

在社区层面，公共设施包括社区服务中心、老年人活动中心、儿童游乐场、社区健身设施等。社区服务中心是为社区居民提供服务和支持

的重要场所。它们可以提供社区活动的信息和组织，如社区会议、讲座、培训等。老年人活动中心是为老年居民提供休闲娱乐、社交交流和健康管理的场所。这些中心通常提供各种活动，如舞蹈、绘画、手工艺等，以及健康检测和健身活动，为老年人提供了丰富多样的社交和健康管理的机会。儿童游乐场是为社区的儿童提供安全、健康和有趣的娱乐场所，儿童游乐场通常设有各种设施，如滑梯、秋千、攀爬架等，为儿童提供了发展体能、社交交流和创造力的机会，促进了儿童的健康成长。社区健身设施包括户外健身器材、跑步道等，为社区居民提供了方便的健身和锻炼场所。

6. 应急救援和防灾设施

此外，公共设施还包括应急救援和防灾设施，如防灾中心、救援设备、避难所等，它们在突发事件中起到了关键作用。防灾中心是城市和社区在灾害发生时指挥和协调应急救援工作的中心，有专业的应急管理人员和设备，能够及时响应突发事件，指导和组织救援行动。救援设备是用于应对紧急情况和救援行动的工具与设备，如消防车辆、救生艇、救援工具等。这些设备通常由专业救援队伍使用，能够在火灾、洪水、地震等灾害事件中提供必要的救援和支持。避难所是为了提供安全庇护所而设立的设施，用于避难人员在灾害事件中暂时居住和保护人身安全。避难所通常位于相对安全的地点，具备基本生活设施，可供应应急物资，为受灾居民提供短期的庇护和支持。

（二）装饰功能

1. 塑造城市形象

公共设施的设计风格和建筑风貌能够展示城市的文化底蕴和历史传承。城市的历史、文化和艺术元素通过公共设施的设计与建设得以体现。例如，在城市的广场上，可以设置具有地方特色的雕塑作品，以展示城市的独特文化和艺术风格。这些设施不仅是城市文化的象征，还是市民自豪感和认同感的来源。公共设施的空间布局和功能规划能够为城市居民提供舒适和便利的公共环境。公园和广场等开放空间为市民提供了休闲娱乐、社交互动及文化活动的场所，提高了人们的生活品质。桥梁和道路的设计和建设不仅能够满足交通需求，还能够成为城市的标志性建筑，提升城市形象。

2. 美化城市环境

公共设施在美化城市环境方面也有重要作用。例如，公园中的绿草、花卉和树木为城市增添了自然的氛围与生机。人们可以在公园中散步，感受大自然的美好。公园中的景观、休憩设施和活动区域都能够提供给人们舒适的环境，使城市更加宜居。路灯、座椅和垃圾桶等城市公共设施也是美化城市环境的重要组成部分，设计精美、风格统一的路灯不仅能照明，还能够增添夜间城市的浪漫氛围和安全感；舒适、美观的座椅能够提供市民休息的场所；垃圾桶有利于保持环境的整洁，提升城市的品质和文明程度。

3. 提供公众艺术欣赏的机会

公共设施的装饰功能不仅仅是为了美化城市环境，更重要的是为公众提供了艺术欣赏的机会。雕塑作品以其独特的造型和艺术表达方式吸引着公众的目光。通过在公园、广场、街道等公共场所设置雕塑作品，人们可以在日常生活中欣赏到艺术的美，与作品进行互动和对话。公共雕塑既是城市的文化符号，也是城市独特的风景线，让人们对城市的艺术氛围和文化底蕴有更深的感受。墙面绘画和公共艺术装置也为公众提供了艺术欣赏的机会，墙面绘画可以是壁画、涂鸦等形式，通过为城市墙面增添色彩和图案，将艺术带到公共空间中，让人们在行走中享受到艺术的美。公共艺术装置则是将艺术创作与城市景观融合，创造出独特的艺术空间，让公众在其中沉浸、感受和参与。

4. 赋予城市个性和特色

公共设施的设计可以反映出城市的个性和特色，让每个城市都有其独特的面貌。在建筑设计中，可以运用当地的建筑风格和元素，使建筑反映城市的文化，呈现出独特的地方特色。在公园和景观设计中，可以

根据城市的自然环境和历史背景，创造出与众不同的景观，让人们能够感受到城市的独特魅力。通过赋予城市个性和特色，公共设施能够成为城市的标志性建筑和景观，吸引人们的目光，引起人们的兴趣。这不仅为城市营造了独特的氛围和形象，也提升了城市的知名度和吸引力，促进了城市的发展和文化交流。

5. 增强城市空间的秩序感和舒适感

一方面，公共设施的布局和规划可以提供清晰的引导与指示，使人们能够方便地导航和移动。交通标志、道路标线、交通信号灯等设施的设置可以帮助引导交通流动，减少交通拥堵和事故发生的可能性。另一方面，公共设施的设计能够提升城市空间的舒适感。街道家具（如座椅、遮阳设施、绿化植物等）的设置可以为市民提供休憩和放松的场所，增加城市的人文氛围。照明设备的设置可以提供良好的照明效果，增加夜间出行的安全感和城市夜景的美观性。公共空间的材料选择和质量也会影响人们的感受，如道路材料的光滑度等，都能影响城市空间的舒适性。通过公共设施可以增强城市空间的秩序感和舒适感，可以提升公众对城市环境的满意度和归属感。当城市空间有序、整洁、安全且舒适时，人们在其中居住、工作和休闲的体验会更加愉悦和满意。这将进一步促进城市的发展和社会的稳定，吸引更多的人才和资源投入城市建设。

五、公共设施的设计原则

在进行公共设施设计时，应当遵循以下六个原则，如图 5-1 所示。

图 5-1　公共设施设计的原则

（一）合理性原则

公共设施设计过程中的合理性原则要求设计师全面考虑设施的应用场景、使用人群和环境因素，使公共设施在实际运用中达到最优化的效果。要保证设计合理，就需要保证公共设施适应所服务的环境和功能，比如，在设计公园座椅时，需要兼顾用户的舒适度和材质的耐候性，同时，街头垃圾桶的设计要兼顾容量和清洁性。安全也异常重要，应防止因设施设计不当而引发的伤害事故，如在设计公共楼梯或坡道时，应考虑防滑设计，避免在照明设施设计时使用过度强烈的直射光源。

（二）功能性原则

对功能性的追求体现在多个方面。设施必须能够有效地发挥其功能，如交通标志必须能够清晰地传达出指引信息，公共厕所需要确保隐私和清洁。公共设施的设计也必须考虑其周边环境，以确保它能在特定的环境中正常工作。例如，街边的座椅应该能够承受恶劣天气的考验，公共灯柱需要在晚上提供足够的照明。

（三）人性化原则

人性化原则在公共设施设计中占有重要地位，它强调以人为中心的设计理念，旨在创建一个舒适、可接触且易于使用的公共环境。人性化的设计着眼于理解和满足人的需求、期望与习惯，使公共设施能够为人们的日常生活提供便利。

在实现人性化原则时，设计师需要深入理解和考虑用户的身心需求，从而为各种不同的用户群体提供适应性服务。例如，考虑老年人和残疾人的需求，公共设施的设计需要符合无障碍设计的标准，如设有坡道、宽敞的通道，以及适当的导视系统等。设计师还需要理解用户的心理预期，通过明确和合理的导向信息，使用户能够直观地理解信息并做出决策。例如，公共交通的时刻表、道路指示标志等，它们应当提供清晰、准确的信息，以便用户快速地获取信息并做出决策。

（四）绿色设计原则

绿色设计原则是当今公共设施设计中一个重要的准则，强调在设计的各阶段，都需要以环保和可持续性为导向，确保环境得到保护，并且能满足后代的需求。在实践绿色设计原则时，一个核心的考虑就是资源的高效利用，包括材料、能源和土地。对于材料的使用，设计师应选择可回收、低毒性和环保的材料，以减少对环境的污染。对于能源的使用，公共设施应利用可再生能源，如太阳能、风能等，并且使用高效的能源利用技术，以减少碳排放。对于土地的使用，设计师应充分利用已开发的土地，减少对未开发土地的侵占。绿色设计原则也强调对生态环境的保护，公共设施的设计和布局应遵循生态原则，保护自然景观和生物多样性。例如，可以采取绿化屋顶、设置雨水收集系统、保护当地的自然生态等措施，设计要尽量减少噪声、光污染等对环境和人们生活的影响。绿色设计原则不仅需要在设计阶段遵循，还需要在建设和运营阶段遵循。例如，在建设阶段，应采用环保的建筑方法，减少建设过程中的废弃物；在运营阶段，公共设施应定期进行能源审计，实施节能措施。

（五）形式美原则

对于形式美的追求并非只停留在外观，一件设计良好的公共设施，其形式美应当体现在其整体与部分，大处与小处。从整体来看，设施的外形、体量、色彩、材质等应当和谐统一，给人以整齐、统一、平衡的美感。从部分来看，细节的设计如装饰、标识、照明等，也需要精心设计，使之既具有实用性，又增添美感。形式美原则也强调公共设施要与周边环境形成和谐统一的整体美。这包括与周围建筑的协调，与自然环境的融合，甚至与地方文化的呼应。这样的设计不仅使公共设施自身美观，还能提升整个公共空间的美学价值。

（六）创造性原则

公共设施的设计，无论规模大小，都应秉持创造性原则。这是一个综合运用科学知识、艺术审美、人文关怀，以及社会理解的过程，目的是创新地解决问题，满足社区和个人的需求，并将这一解决方案以具有艺术感和科技感的形式呈现出来。创造性并不意味着完全颠覆或独创，它是在现有的基础上，对已知的技术、材料、形式进行有意识地、有目的地重新组合和使用，以达到预期的效果。这需要对已有的知识和技术有深入的理解和运用，也需要对新的科技和设计潮流有敏锐的观察与洞察。在创造性设计过程中，设计师需要避免为追求新颖而忽视功能。任何设计都必须基于其功能，创新不能以牺牲功能为代价。此外，设计师还需要考虑到设施的可持续性和环保性，使之能在满足人们需求的同时，尽可能地减少对环境的影响。

第二节　园林公共设施的功能、趣味性与特点

一、园林公共设施的功能

（一）装饰功能

园林公共设施可以通过艺术设计的方式，成为园林环境的重要装饰元素。例如，经过精心设计的亭子、花架、石桥等设施，不仅具有实用功能，也具有很高的艺术观赏价值。它们通过与环境的融合，强化了园林的主题和风格，使园林空间更加富有层次和韵律。园林公共设施有时还会被设计成景观的一部分，如雕塑、喷泉等。这些设施不仅可以吸引游客的注意，还可以为园林创造独特的视觉焦点。它们还能反映园林主题或者所在城市的文化特色，增加园林的文化内涵。

（二）景观组织功能

园林公共设施，如亭子、长廊、桥梁、台阶等，都是对空间进行定

义和塑造的工具。它们的分布直接影响景观的整体结构和空间序列。例如，一座亭子可以定义一个观景点，一条蜿蜒的小路可以引导游人的视线和步行路线，而一座桥梁则可以连接不同的空间，让游人能够体验到景观的连续性。园林公共设施也可以作为视觉焦点，提供视觉引导，增强空间的导向性。设施如雕塑、路灯或者喷泉等，都可以吸引游人的注意，引导人们的视线，使人们注意到景观的重要元素或者景点，提高游览体验。园林公共设施通过其自身的艺术设计，也可以为景观增添艺术魅力，提升其观赏价值，精心设计的园林公共设施，本身就是一件艺术作品，它的存在，可以丰富景观层次，增加视觉的丰富性。

（三）精神文化价值功能

园林公共设施如亭子、桥梁、塔楼、石碑、雕塑等，其形象往往能反映一个地方的历史文脉和文化传统。每个元素的设计、使用的材料、装饰的图案及布局的方式，都可以反映出不同时期、不同地域、不同文化背景下人们的审美观念、价值取向及社会习俗。比如，中国古代园林中的亭台楼阁，展示了中国古代的哲学思想和高雅文化；西方的雕塑和公园则反映了欧洲文艺复兴以来的人文主义精神。园林公共设施也具有很高的象征性和隐喻性，通过不同的元素和形象，可以传达出深层次的精神和文化含义。比如，水在许多文化中都是生命的象征，因此，喷泉、水池等与水相关的设施，就可以象征生命、生长和再生。此类设施通过物象的建构，为公众提供了理解和表达精神内涵的媒介。园林公共设施也是塑造和弘扬社区文化、增强社区凝聚力的重要载体。比如，社区花园、公共广场等设施，可以举办各种社区活动，传承社区传统，让人们有机会通过互动和交流，增强自身社区身份认同感和归属感。

二、园林公共设施的趣味性

园林公共设施具备的趣味性并不仅仅是吸引人们眼球的表面魅力，而更深层次的，它涉及园林公共设施的设计、互动性和启发性，为使用者提供了愉悦、刺激和富有启发的空间体验，如图 5-2 所示。

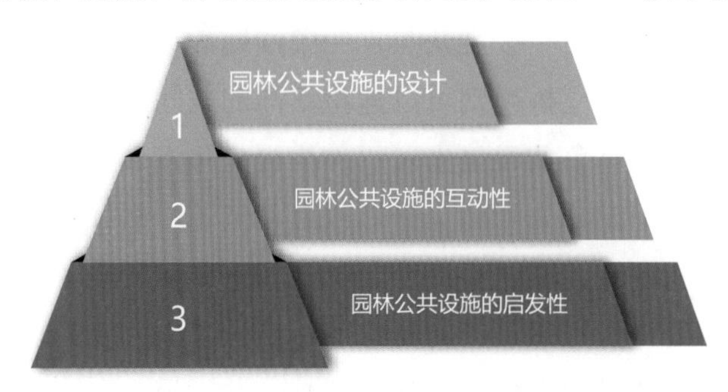

图 5-2　园林公共设施的趣味性的表现

（一）园林公共设施的设计

设计师通过对色彩、形状、质地和空间布局的巧妙运用，创造出富有视觉吸引力的空间环境。例如，有些公园内的游乐设施，通过使用鲜艳的色彩、动物形象或者富有创意的几何图案，创造出趣味盎然的空间。这种设计增强了景观的趣味性，不仅让人眼前一亮，获得愉悦的体验，还能激发人们对周围环境的好奇心和探索欲望。

（二）园林公共设施的互动性

儿童游乐区的滑梯、秋千等设施是典型的互动设施，它们能够吸引儿童的注意力，激发他们的想象力和创造力。儿童可以通过玩耍和互动，培养协作精神，锻炼身体，同时，增强社交能力和团队合作意识。这种互动性设施在儿童的成长过程中起到了积极的促进作用。户外健身器材也是园林公共设施中的互动元素之一，这些器材被设计成可以让人们进行各种运动和锻炼的设备，如跑步机、仰卧板、自行车等，既能够满足人们对健康生活的需求，也鼓励人们积极参与运动，增强体质和保持健康。人们在使用这些设施时可以相互激励、交流经验，营造积极向上的运动氛围。园林公共设施中的观景台、步道等也提供了人与自然的互

动机会，观景台可以让人们欣赏周围的美景，与自然亲密接触，而步道则为人们提供了舒适的行走环境和亲近自然的机会。这些设施让人们能够与自然景观进行互动，感受大自然的美妙和宁静，享受放松和休闲的时刻。

（三）园林公共设施的启发性

园林公共设施的启发性是指这些设施通过设计和展示，激发人们的好奇心和求知欲，以启发人们的思考和学习。以自然探索区、生态池塘、动植物识别区等生态教育类的公共设施为例，它们都被设计成具有启发性的环境。这些设施通过模拟自然生态环境、展示动植物的多样性和特征，吸引人们的注意力，引导人们主动观察、探索和学习。在这些区域，人们可以近距离观察动物的行为、植物的生长过程，通过互动、展板和导览信息，了解它们的生态特征、生态关系和保护意义。这种具有启发性的设计让人们在亲身体验中获得对自然的认识和理解，培养人们生态环境保护的意识和责任感。园林公共设施的启发性对于培养人们的学习兴趣和科学素养也具有重要意义，人们通过实际的观察、体验和互动，对自然和科学产生兴趣，进而主动探索和学习。这种具有启发性的设计可以满足不同年龄段和教育水平的人们的需要，无论是儿童还是成年人，都能从中受益。通过园林公共设施的启发性，人们能够在自然中学习、发现和成长，进一步加深对环境保护和可持续发展的认识，培养对自然的尊重和关爱。

三、园林公共设施的特点

作为空间外环境装饰的一部分，园林公共设施具有精美、灵活和多样化的特点，凭借自身的艺术造型，结合人们的审美意识，激发一种美的情趣。

（一）精美

设计师在细节处理上投入了大量的精力，每个角落、每种材质、每处色彩都经过精心考虑和设计，以取得既有视觉美感又满足使用需求的效果。无论是石雕、木制品还是金属制品，都展现出高超的制作技艺和丰富的文化内涵。例如，中国古代园林中的石桥、石灯和石凳等，石材的选取、雕刻的细致程度，都展现出了制作工人的精湛技艺和独特审美。精美的园林公共设施还在于其对周围环境的精准融入和应答。它们不仅考虑了自然环境的因素，如阳光、气候、植物等，还考虑了周围建筑、道路和人流的关系，甚至包括社区文化、历史传统等因素。例如，一些公共艺术装置，如雕塑、壁画等，往往能够融入周围的景观，与周围景观形成一种有机的整体，增强了景观的连贯性和趣味性。

（二）灵活

功能上的灵活性指公共设施能够根据不同的使用需求变换其使用方式。例如，园林中的长凳既可以作为休息场所，也可以作为阅读、聊天，甚至进行户外教学的地方；又如，园林中的亭子既可以作为遮阳或避雨的地方，又可以作为人们聚集、交流、活动的场所。设计上的灵活性指的是设计师可以根据环境、文化和使用需求的不同，对公共设施的形态、材质、颜色等进行有针对性的设计。例如，园林中的路灯，其设计形态、灯光效果、色彩等都可以根据园林的风格和功能决定，从而提供适应性的照明效果。位置上的灵活性指公共设施在园林中的布局和配置可以根据使用效果与景观质量灵活调整。例如，长椅、垃圾桶、指示牌等设施的位置可以根据园林的景观布局、人流动线、使用需求等进行配置和调整。

（三）多样化

园林公共设施的多样化特点，体现在其丰富多彩的设计形式、不同的材料应用、多元的功能分配等方面，这使每个园林空间都具有独特的

个性和魅力。以园林亭子为例，在设计上，有的亭子采用的是复古风格，它们的造型古朴而典雅，流露出浓厚的历史韵味；有的亭子呈现出极简的现代感，其线条流畅，简单明快；还有一些亭子，融合了各种元素，形成了独一无二的设计风格。每种不同的设计，都为园林增添了丰富的视觉元素，满足了游人对于美的追求。在材料应用上，园林公共设施同样呈现出丰富的多样性。以花坛为例，可以采用石头、瓷砖、金属、竹子等多种不同的材料。这些材料的使用，不仅满足了花坛的功能需求，也丰富了视觉效果，让人们在欣赏花卉的同时，能感受到材料的质感和美感。在功能上，园林公共设施也具有多样性。例如，喷泉不仅可以作为园林的景观，给人们带来美的享受，还可以在炎热的夏天给游客带来清凉的感觉。景观灯在照明的同时，成了园林夜晚的亮点，增加了园林的趣味性和艺术性。

第三节　园林公共设施景观元素设计与表现

一、园林中公共休息服务设施设计

在休息系统中以椅凳为主，椅凳具有很强的公共性，因此，在对其进行设计时必须适应多种环境的需求。

（一）座椅与户外活动的互动关系

1. 小坐与座椅

园林空间为访客提供的休息设施，占据了非常核心的地位。恰当的座椅分布和设计往往会使公共空间具有吸引力，吸引人们在园林空间内吃东西、读书、小憩、织毛衣、下棋、晒太阳、等待他人等。因此，提供良好的休息场所，是打造有魅力的户外活动场所的关键一环。在园林环境中，座椅的设置需要进行精心的设计，但在现实中，很多座椅的设置都较为随意，并未经过周密的思考。在设置座椅时，需要充分考虑人们选择座位的心理和习惯。

建筑物周围或空间边缘的座椅通常比空间中央的座椅更具吸引力。人们倾向于寻找物理环境中能提供支持的细微元素，因此，位于凹角或空间划分清晰的地方的座椅，以及背后受到保护的座椅更受欢迎。相比之下，位于开放空间中央的座位通常会被忽视。座椅的分布应该基于对场地空间和功能质量的全面考虑。每个座椅或休息区都应有其适宜的特定环境，位于空间内的小空间，如凹处、角落等，都能提供舒适、安全和具有良好微气候的地点。

座椅的位置和视线在选择座位时起着关键作用。可以观察各种活动的机会，是选定座位的一个重要因素。沿园林主要道路设置的座椅，通常使用频率最高。在多数情况下，背靠背设置的座椅更受欢迎，特别是面向道路的座椅。那些能够提供良好防护、便于观察周边活动但不易受干扰的座位，比其他座位更受欢迎。

2. 交谈与座椅

设计中的停留点及其相对位置，对于形成交流的机会产生直接影响。在园林环境中，设计者应该赋予座椅配置更多的灵活性，而非仅限于单纯的背对背或面对面的设置。环形的安排或角度设置（角度在 90° 至 120° 之间）的座椅往往是一个明智的选择。当座椅以角度设置时，如果坐着的人有意进行交谈，那么开始对话会更加容易；如果坐着的人不想交谈，那么他们也更容易摆脱尴尬的局面。

（二）座椅造型特征

1. 尺寸把握

休息设备直接用于休息与放松，因此，舒适和便利是基本的需求。座椅的设计与摆设需要遵循人类的视觉和行为比例，不能过大或过小，否则会影响其识别和使用。座椅自身的比例需要遵循人体工程学原理，比如，座椅的高度一般为 30 ～ 45cm，靠背的角度最好在 100° ～ 110° 。

2. 材料选择

在选择座椅材料方面，需要根据座椅自身的需求及放置场所的特点选择不同的材质。常见的材料有木材、石材、混凝土和金属等。

（1）木材。木材有天然的纹理和良好的触感，具有弹性且加工性强，由木材制成的座椅给人一种自然且亲切的感觉。但在室外的公共环境中使用时，木材容易受到自然环境的侵蚀，因此，选择经济且耐用的木材并进行防腐处理是十分重要的。

（2）石材。石材主要有花岗石、大理石及其他的坚硬石材，这些材质坚实，耐腐蚀，抗冲击性强，装饰效果好。但由于加工技术的限制，石材制作的座椅一般无靠背，并且主要为方形。在选择石材时，应根据设施的位置和用途，考虑其耐用性、颜色、结构等因素。

（3）混凝土。混凝土是一种无机材料，含有二氧化硅化合物，也被称为“硅酸盐材料”。这种材料坚固、经济、工艺加工方便，常用于休息设施。但是，由于材料吸水性强，触感粗糙、容易风化，经常会与其他材料混合使用，如钢筋混凝土浇筑的座椅。

（4）金属。金属具有良好的物理、机械性能，资源丰富，价格低廉，工艺性能较好，因此较广泛被使用。休息设施与其他环境设施一样，虽大量使用钢铁，但对于材料性能要求并不高，经常使用的钢铁材料仍以生铁为主，同时也少量使用铅和不锈钢材，利用铸铁加工技术制成各种不同形态的休息凳椅。

3. 造型设计

园林景观设计中的座椅造型设计，是对环境美学和人体工程学原理的综合运用。设计师需从使用者的需求出发，合理确定座椅的尺寸，考虑其与周围环境的关系，以及座椅的布局方式。座椅的尺度需要考虑使用者的坐姿和行为习惯，尤其是高度和深度的选择。布局方式要能适应不同的交流需求，如一些座椅可以选择曲线排列或角度排列方式，这样不仅有助于人们的交流，也可以方便人们保持适当的私人空间。在设计时，除考虑座椅尺寸之外，还需要考虑座椅的形状，如靠背的角度和弧度及座面的弧度等，这些因素都会影响到使用者的坐姿和舒适度。座椅的造型设计还需要和园林环境的风格相协调，既能符合使用者的审美习惯，又能突出园林的特色。同时，座椅的色彩和材质也需要与周围环境相匹配，以实现整体的和谐统一。

二、园林中标识牌设计

（一）标识牌及其分类

标识牌是园林景观中不可或缺的元素，起着信息传递和引导的作用。精心设计的标识牌不仅能为游客提供导航，还能增加景区的吸引力，强化园区的整体氛围。

根据标识牌的功能，大致可分为导向标识、信息标识和警示标识三种。

1. 导向标识

导向标识是园林公共设施中的一种重要元素，其作用在于为游客提供导航和指引，帮助他们更好地了解和利用公共空间。导向标识通常使用简明扼要的文字信息和清晰的图形符号，以确保游客能够快速理解和识别。标识的字体大小和颜色也要适宜，以提高可读性，并避免产生歧义。标识的布置需要符合人们的自然行进方向和视线习惯，便于游客在行进过程中能够轻松地找到并理解标识指示的方向。

2. 信息标识

信息标识主要用于传递特定信息，如景点介绍、植物名称、历史背景等。这类标识牌除了基本的文字介绍之外，还通过图片或图表等方式更直观地呈现信息，例如，通过插图展示植物的外貌特征，或者通过图表展示景点的历史演变过程等，使游客能够更全面地了解相关内容。信息标识还可以为游客提供更多的科普知识，标识牌上可以标注植物的学名、生长习性、生态功能等，帮助游客对自然环境有更深入的了解。对于具有历史文化意义的景点，信息标识可以提供相关的历史背景、故事

和事件等，帮助游客了解景点的文化价值和背后的故事。

3. 警示标识

警示标识的作用在于提醒游客注意安全，如注意不要靠近池塘边缘、不要靠近野生动物、注意防火等。警示标识的文字表述通常简洁明了，以便游客快速理解，文字的大小和颜色也经过仔细考虑，以确保清晰可见，并能引起游客的注意。警示标识的设计目的是保障游客的安全，它们可以警示游客不要靠近危险区域、不要接触野生动物、不要烧火等，以减少事故的发生。这些标识牌的摆放位置通常是在具有潜在危险的地方，如悬崖边缘、深水区域或火灾易发区等。通过提醒游客注意安全事项，警示标识起到了引导和保护的作用。

（二）园林标识系统的设计

精准选址、恰当的内容及设计形式是标识系统设计中不可忽视的要素。在考虑这些要素时，设计师必须将其与园林的总体设计和现有景观结合起来。在考虑标识系统的形态、内容和布置时，必须充分考虑它们与园林设计、园林景观及公共环境的互动、衬托和融合，以及比例和色彩的统一性。设计师要致力于让标识系统全面体现园林和环境的外部与内部意义。

在设计园林标识系统的过程中，诸如力学、人体工程学、标识尺度、大小和视角等因素都应得到充分的考虑。标识的整体布局也是设计师需要重点关注的点。同一类别的标识既不能过多，也不能过少，数量和位置的选择应恰如其分。过多的标识会显得繁杂，令人反感，过少的标识则会削弱其引导作用。设计师还需要考虑标识与城市形象和其他景观的关联。在布置标识时，应基于有机秩序和系统思维，使其与环境形成一种相互影响、相互制约的关系，并注意均衡、视觉距离、重复性、连续性和互补性的处理，以创造组合的、系统的空间形态。

园林标识系统中的位置需要保持一致，即同类标识的位置应相对固定，避免这个标识放在这边，下一个同类的标识却放在另一边，这种方式并不符合人们的视觉习惯。具有导向性或指示性的标识在布局上通常需要设置在交通道路的一侧，同类标识之间的距离不能过远，以防人们按照前面的指示走了一段路程后，不知如何继续前进。在道路的分叉点、交叉口、转弯处及一些特殊的路段，需要保持标识布局的连续性。

明确、突出的主体位置是关键，严格防止其他标识遮挡或混淆主要的标识信息。标识系统的设计还应有层次感，形成阶段性的递进分布，在主题和背景的互衬中凸显主题，避免主次混淆，让主题充分发挥主导作用。在标识系统的图形和文字配置上，可以形成鲜明的对比进一步突出主题。可以利用放大的图形或文字表达重要的标识信息，反之亦然。

在标识系统的颜色搭配上，可以通过色彩的反差或和谐表达标识系统的主次关系。色彩具有情绪感染力，具有很强的视觉影响力，可以直接影响人们的注意力和情绪。色彩是决定标识牌是否能引起人们重视的关键因素之一，是丰富视觉效果、营造环境气氛的重要手段。

在表达园林标识系统主次清晰特性方面，视觉角度是一种常用的表现手法。人们在行走过程中，通常是平视或仰视的，很少有俯视或斜视的。在合适的视距下，平视使人感觉舒适、有秩序，容易看清内容和整个标识的形状；仰视则给人一种稳定、雄伟、高大的感觉，具有非常强的震撼力和标志性。

三、园林中垃圾箱设计

垃圾箱既是不可缺少的卫生设施，又可以用来装饰环境。在设计垃圾箱时，应当注意以下几点。

（一）容易投放垃圾

容易投放垃圾意味着它应该是明显的，易于发现的，可以采用鲜艳的颜色以吸引注意力，或者采用与环境反差大的颜色以使其更容易被察觉。垃圾箱的口部设计应该便于投放，宽大的入口使人们可以轻松地将垃圾投入其中，而不需要过于精准地瞄准。考虑到不同年龄层和身高的

人，垃圾箱的高度也应该适中，以便所有人都可以轻松地投放垃圾。

（二）容易清除垃圾

垃圾箱的设计应考虑到清洁工人的操作便利性。垃圾箱的开口应大到足以让人可以轻松取出垃圾，但也要小到足以防止动物进入。垃圾箱的底部应设计成容易倾斜式，以便将残留的垃圾倒出。如果垃圾箱较重，可能需要加上轮子，以便清洁工人能够轻松移动。考虑到园林环境，垃圾箱应该设置在方便清洁工人靠近的地方。

（三）造型与环境的协调

无论是现代城市公园还是古典的皇家园林，都有其独特的设计风格和主题。在设计时，需要对园林的整体风格和主题有深入的理解与把握，以此为依据来设计垃圾箱的外观和进行材质选择。颜色是影响垃圾箱是否能融入园林环境的关键因素之一。在一些自然环境中，垃圾箱可能会选择与环境相似的颜色，如绿色或棕色，以降低其在环境中的存在感。而在一些人工环境中，如主题公园或儿童游乐区，垃圾箱可能会选择更加鲜艳的颜色，以吸引人们的注意并鼓励使用。

（四）垃圾箱分类设计

垃圾箱分类设计要考虑到易于理解和操作的原则。分类标签应当清晰明了，一目了然，使过往的游客能够快速理解并正确投放垃圾。常见的分类标签包括可回收垃圾、湿垃圾（有机垃圾）、干垃圾（其他垃圾）和有害垃圾。而对于这些标签的表现形式，既可以是直接的文字描述，也可以是通过图示表达，这样可以进一步提高人们的理解度。垃圾箱的分类设计也需要考虑到视觉的指示性。通常，不同类型的垃圾箱会使用不同的颜色进行标识，如蓝色表示可回收垃圾，绿色表示湿垃圾，灰色表示干垃圾，红色表示有害垃圾。这种色彩标识可以帮助人们在初次接触时就能快速地识别出垃圾的类别，有效促进垃圾分类投放。

（五）垃圾箱的材料

园林中的垃圾箱设计应当考虑阳光、雨水、冬雪及长期使用和清理过程对材料的影响，合理选择材料。金属是一种常见的垃圾箱材料，具有良好的硬度和强度，如不锈钢和铝。这些金属材料具有耐腐蚀、耐磨损和使用寿命长的特点。另外，塑料也是一种常用的垃圾箱材料。它比金属更轻，不易锈蚀，易于清洗，且不会在阳光下过热。在很多园林中，经常会见到木质垃圾箱，它可以与园林环境完美融合，具有很好的视觉效果。

第六章　居住区绿地的设计与表现

第一节　居住区绿地设计概述

一、居住区绿地的基本功能

居住区绿地作为居民日常活动的重要场所，其基本功能不仅仅限于装点环境，更会对社区居民生活质量产生直接影响。居住区绿地的基本功能可以细分为生态功能、休闲娱乐功能、社区交往功能和环境美化功能，如图 6–1 所示。

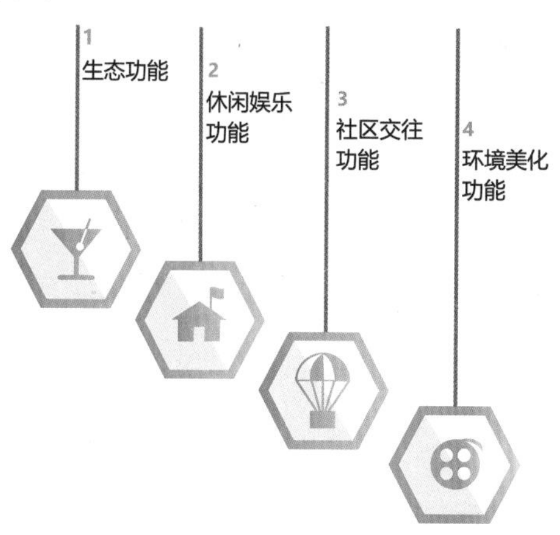

图 6–1　居住区绿地的基本功能

（一）生态功能

从生态角度来看，居住区绿地是城市生态系统的重要组成部分。绿地可以改善城市的微气候，减缓高温热岛效应。城市通常由大量的建筑和硬质材料组成，导致热量积聚，使城市内部温度较周围地区更高。而绿地中的植被能够吸收太阳辐射，降低地表温度，形成绿色防护层，为城市创造了更凉爽的气候。城市是人类活动和交通密集的地方，二氧化碳排放量较高。通过绿地中的植物吸收二氧化碳，有助于减少空气中的温室气体含量，净化空气并改善空气质量。植物还能过滤空气中的颗粒物和有害物质，吸收并减少空气中的污染物负荷，为人们提供更清新的空气环境。城市地表大量为铺装地面和建筑物，雨水往往无法迅速渗透，导致城市出现内涝问题。而绿地中的植物根系能够增加土壤的透水性，促进雨水下渗，减少了雨水径流的压力，降低了城市内涝问题出现的风险。

（二）休闲娱乐功能

绿地提供了开放的空间，为居民提供了休闲活动的场所。人们可以在绿地中进行各种户外活动，如散步、跑步、骑行等，享受自然的美景和清新的空气。这些活动有助于增强体质，保持身体健康，减轻压力，缓解疲劳，提高生活质量。除了休闲活动之外，绿地还为居民提供了与自然亲近的机会。人们可以在绿地中欣赏花草树木，观察小动物，感受大自然的宁静和平和，这种与自然互动的体验有助于放松心情，缓解压力，保持心理健康。

（三）社区交往功能

社区交往功能是居住区绿地的一个独特的功能。绿地为居民提供了一个开放的聚集场所。人们可以在绿地中进行各种社交活动，如散步、聚会、野餐等，有助于邻居间的相互了解和友谊建立，促进了社区内部的交流和互动。绿地为不同年龄层的居民提供了交往的机会。儿童可以

在绿地的游乐设施中一起玩耍，增进彼此间的友谊，加强彼此间的交流；家长也可以在绿地中交流和分享育儿经验，加强彼此的联系；老年人可以在绿地中进行散步和休闲活动，结识同龄人，共享美好时光。

（四）环境美化功能

绿地中的植物和自然景观能够为居住区提供一个美丽的景观背景。绿地的设计注重景观美学和生态原则，通过合理的植物布局、景观构成和色彩搭配，营造出宜人的居住环境。这些美丽的绿地景观可以提升居民的视觉享受，营造出宁静、舒适的居住氛围。绿地的环境美化还有助于提升居民的心理健康和幸福感。绿地中的自然景观、宜人的气候和安静的环境都能够缓解居民的压力与紧张情绪，提供一个放松身心的场所。居民可以在绿地中散步、休闲、与家人朋友共享美好时光，享受大自然的恩赐，从而提高生活质量和幸福感。

二、居住区绿地的设计原则

（一）创造整体性的环境

环境景观设计是一种审美实践，强调将各组成部分融合为统一且和谐的总体。一个精致的环境设计不只是展示其元素的特性，更在于构建一种协调且令人愉悦的整体感受。若缺乏对全局效果的理解与操控，即使运用最具魅力的设计元素，也可能使这些元素变得零散或彼此冲突。因此，对居住区绿地的各部分，必须采用不同的景观工具，以创造区域间的连贯性，合理调整道路布局，以便和大环境无缝融合。地面铺装的统一，植物的有序分布、主题元素的分布、空间的连续、竖向空间的统一，都可以使环境具有整体性。

（二）创造多元性的空间

多元性的空间旨在满足城市居民的多样化需求，提供丰富的空间体验，激发社区的活力。空间的多元性涉及空间的功能性、体验性、身心感知和社交性等多个层面。

从功能性角度来考虑，绿地内的空间需要提供多样化的使用功能。这包括安静的阅读、休憩区域，活动丰富的游戏、运动区域，以及供人们社交、交流的聚会区域等。这样可以满足不同年龄、不同兴趣和不同需求居民的使用需求，实现绿地的功能多元化。从体验性角度来考虑，绿地的空间设计需要提供丰富的感知体验。例如，通过视觉、听觉、嗅觉和触觉等感官的设计，提供自然美、季节变化、物种多样性等不同的感知体验，增加居民对绿地的亲近感和归属感。从身心感知角度来考虑，绿地的空间设计需要关注居民的身心健康和心理需求。例如，设置一些可以观察植物生长、动物行为的地方，提供直接接触自然的机会，帮助居民释放压力，提升心理健康。从社交性角度来考虑，绿地的空间设计需要提供多样化的社交场所。例如，设置一些供居民聚会、交流的社区广场，提供一些供儿童游戏、家长交流的儿童游乐场，提供一些供老年人休憩、交谈的休息亭等。这样可以满足居民的社交需求，促进社区居民的交流和互动。

（三）创造有心理归属感的景观

心理归属感是指个体对所处环境的认同感和熟悉感，与自我认同、社区认同和地方认同等概念密切相关。在绿地设计中，通过创造有心理归属感的景观，可以增强居民对社区的认同感和归属感，增强社区凝聚力，提升居民的生活满意度。

创造有心理归属感的景观可从以下几个方面入手。第一，设计需要人性化，设计师需站在使用者的角度，全面考虑人的需求，包括生理、心理等各方面，使设计尽可能满足人们的需求，为人们提供舒适便捷的环境。第二，场所的身份认同，独特的标识，如地标、雕塑或特色建筑，可以增强居民对环境的认知和记忆，形成独特的地方特色和身份。而熟悉的环境元素，如本地的植物、材料或风格，可以使人们产生熟悉的感

觉，增强人们对环境的归属感。第三，文化的继承和发扬，通过在景观设计中体现本地的历史、文化和传统，可以促使居民尊重和认同环境。

（四）创造以建筑为主体的环境

创造以建筑为主体的绿地环境，不仅仅要考虑绿地的功能性和实用性，更要考虑其在空间中的位置和作用。优秀的绿地设计能够突出建筑主体，增强建筑的视觉吸引力和空间感。如绿色植被的适当布置可以降低建筑的视觉冲击力，使其与周围环境和谐融合；适当的地形变化和绿地布局可以引导人的视线和行动路线，强化建筑入口的标志性；水元素的引入可以增加空间的生动性和多元性，为建筑增添活力和魅力。但是，以建筑为主体并不意味着忽视绿地本身的价值。相反，绿地要以其独特的生态功能、美学价值和社交功能，提升建筑的居住品质，促进人与自然的互动。例如，绿地可以作为建筑的延伸，提供户外活动和休闲的空间，满足居民的社交需求；绿地的生态系统服务如净化空气、调节气候等，可以提升建筑的环境舒适度，促进人的健康生活。

（五）景观环境设计要以空间塑造为核心

以空间塑造为核心的绿地设计，需要关注的是空间的大小、形状、方向、序列和环境感知等方面。绿地的空间大小和形状，决定了居民在其中的活动方式和舒适度。例如，开阔的空间适合大型的集体活动，而狭长或封闭的空间则更适合休息和独处。空间可以通过方向和序列的变化、路径的设计、视线的引导、景点的设置等方式，使人们获得富有戏剧性的空间体验，激发居民的探索欲望。空间的光照、色彩、气味、声音等能够影响人们对空间的感受，增强空间的情感深度。空间塑造的核心在于考虑人的尺度和使用需求。合理的空间设计，要考虑人的行动范围、视觉角度、活动习惯等因素，保证空间的使用性和舒适性。例如，户外休闲空间的设计，要考虑人们坐立的尺度，以及对阳光、阴影、隐私等环境因素的需求。又如，儿童游乐设施的设计，要考虑儿童的身体尺度和活动能力，保证设施的安全性和趣味性。

（六）利用先进的设备产品完善绿地环境

当代先进设备和产品涵盖景观灯具、垃圾处理设施、健身设施和智能管理系统等各方面。例如，环保型的 LED 灯具，不仅能创造出富有吸引力的照明效果，同时，节能环保可长久使用，还能减少能源消耗。而多功能健身设备则能满足不同年龄层次居民的健身需求，有助于提升居民的生活质量。另外，垃圾分类和处理设施的引入，更是重要的环保举措，这对于保护绿地环境，减少垃圾对环境的污染起着关键作用。智能化的管理系统也正逐步应用于绿地管理，它们能实现对绿地环境的智能监测和管理。例如，智能灌溉系统可以根据土壤湿度和天气条件自动调节灌溉水量，既保证了绿植的生长需要，又避免了水资源的浪费。物联网技术则可以对绿地内的各种设施进行远程监控和维护，及时解决设施故障，提高绿地的使用效率。

三、居住区绿地设计的一般要求

居住区绿地设计应遵循以下基本准则。

第一，根据相关规定，居民绿地应在居民区规划阶段作为配套设施纳入，所有设计规划应以居民区详细规划为指导。

第二，针对小区级别以上的居住用地，应首要考虑进行绿地全局规划，明确居住用地内不同绿地的功能及使用特性，以便绿地指标与功能之间达成平衡，同时方便居民使用。

第三，在设计过程中，应合理组织和分隔空间，创建适合不同年龄居民进行活动和休息的空间。

第四，充分利用现有的自然条件，根据地理环境进行规划，以达到节省土地和投资的目标。

第五，主要的设计焦点应放在植物造景上。应基于居民区内外的地理条件和景观特性，遵循“适地适树”的原则进行植物选择，以最大限

度地发挥生态效益和景观效益。同时应注意，虽然可以适当添加一些园林小品，但应避免过度追求奢华和奇特的设计。

第六，关于植物配置，需要合理确定各类植物的比例。快速生长和慢速生长的树种应保持一定比例，通常慢生树种不应低于树木总量的40%。乔木和灌木的种植面积比例通常应控制在70%，非林下的草坪和地被植物的种植面积应控制在30%左右。常绿乔木与落叶乔木的数量比例应在1 ∶ 3至1 ∶ 4之间。

第七，乔灌木的种植位置应与建筑及各类市政设施的关系相符合，并符合有关规定。

这些准则共同构成了居住区绿地设计应遵循的基本准则，以确保居民区绿地能最大限度地满足居民需求，同时，保证绿地的环保和可持续性。

第二节　居住区不同绿地的设计与表现

一、居住区宅旁绿地设计与表现

（一）宅旁绿地的特点

1. 多功能

宅旁绿地与居民的日常生活密切联系，居民在这里开展各种活动，老人、儿童与青年在这里休息、邻里交往、晾晒衣物、堆放杂物等。宅旁绿地结合居民家务活动，合理组织晾晒、存车等必需的设施，有益于提高居住质量，避免绿地与设施被破坏，从而直接影响居住区与城市的景观。宅旁庭院绿地也是改善生态环境，为居民直接提供清新空气和优美、舒适居住条件的重要因素，可防风、防晒、降尘、减噪，改善小气候，调节温度及杀菌等。

2. 不同的领有

领有是宅旁绿地的占有与使用的特性，它的出现反映了人们对绿地的需求和利益关系。分为私有领有、集体领有和公共领有的绿地，各自具有特点，并且对绿地的利用、管理和保护提出了各自的要求。

私有领有的绿地是居民对自家住宅周边的绿地拥有独立的使用权。它的优点在于私人可以根据自己的喜好和需求进行个性化的设计与管理，如种植自己喜欢的植物，设置自己需要的设施。但私有绿地的管理质量往往受到个人经济条件和知识水平的限制，可能导致绿地管理不善，影响其生态效益。

集体领有的绿地是居民群体共享的绿地，通常由小区或社区管理，主要用于满足居民的公共活动需求。它的优点在于能够集中资源进行统一管理，确保绿地的公共功能得到有效实现。集体领有的绿地更强调公共利益，但也需要解决好集体决策和公平使用的问题。

公共领有的绿地是所有城市居民共享的绿地，由城市相关部门进行统一管理和维护。它们通常是城市公园、绿化带等公共设施，为大众提供开放、包容的休闲和活动场所。公共绿地的存在是城市生态环境和居民生活质量的重要保障，需要城市规划和管理部门的精心设计与维护。

不同领有形态的绿地互相补充，形成了多层次的城市绿地系统。无论是私有领有、集体领有还是公共领有，都需要人们的关注和投入，只有这样，城市里的绿地才能真正地发挥其生态、文化和社会价值，满足人们多元化的需求。

3. 宅旁绿地的季相特点

春季，随着温度的升高，宅旁绿地呈现出勃勃生机。草地开始重新生长，树木开始发芽，花朵开始绽放。此时，绿地变得色彩丰富，充满生机，成为生活在这个社区的居民欣赏的焦点。夏季，宅旁绿地为住宅区提供了宜人的、阴凉的场所。茂密的树荫可以遮挡强烈的阳光，帮助降低周围空气的温度。此时，绿地不仅是视觉上的亮点，也为居民提供了一个防暑降温的理想场所。秋季，绿地的颜色会发生变化。许多树木

的叶子会变成金黄色或者红色，形成迷人的秋季景色。这些颜色的变化丰富了绿地的视觉效果，使其更加吸引人。冬季，尽管许多植物会进入休眠期，但宅旁绿地依然有其独特的美感。在雪的覆盖下，它展现出一种静谧而纯净的美，为住宅区增添了冬日的韵味。宅旁绿地的季相变化给居民带来了丰富的视觉体验，为住宅区增添了动态的元素，提升了生活的趣味性。

4. 宅旁绿地的制约性

在城市环境中，地块空间有限，因此，宅旁绿地的面积和规模常常受到严格的限制。这使设计和实施绿化工作变得具有挑战性，需要精心策划，以充分利用有限的空间。宅旁绿地的设计和维护会受到周围建筑和设施的影响。例如，建筑物的高度和位置可能影响阳光的照射，从而影响到绿地内植物的生长；地下设施（如地铁和管线）可能限制绿地的开挖深度，影响树木的种植。宅旁绿地的制约性还体现在其功能的满足上，由于居民的需求多样，宅旁绿地需要在有限的空间兼顾娱乐、休闲、运动等多种功能，这对设计师提出了很高的要求。

（二）宅旁绿地的设计要点

第一，在居民生活空间中，宅旁绿地在面积、分布和使用频率上都占据了重要的地位，对城市环境质量和城市美学具有显著影响。因此，在规划和设计时，需要全面地考虑各种相关因素。

第二，在进行绿地布置时，要充分考虑住宅的结构、平面设计、建筑形式和街道情况等，以形成宅旁庭院绿地的景观，并在公共空间和私人空间之间做出明确的划分。

第三，设计应力求实现住宅标准化与环境多样化的统一，根据各种建筑布局制定宅旁和庭院绿地的规范设计。植物的选择应根据地方的土壤、气候条件、居民的偏好和景观变化的需求进行，同时，要注重创新，以提高居民对自己生活环境的认同感和归属感。此外，宅旁绿化还应作为区分不同行列、不同住宅单元的标识，要求在艺术配置上既要保持一致，又要突出各建筑间的绿地特色。

第四，在居住区的一些小角落，因空间有限，不适合设立活动区域，可以将其设计为封闭式装饰绿地，用栏杆或具装饰性的绿篱围起来，内部可以种植草坪或点缀花木，供人欣赏。要注意的是，树木与建筑物或其他构筑物的距离要遵守行业规定，如表 6-1 所示。

表6-1　树木栽植与建筑物、构筑物的距离

名　称	最小距离 /m	
	至乔木中心	至灌木中心
有窗建筑物外墙	3.00	1.50
无窗建筑物外墙	2.00	1.50
道路侧面外缘、挡土墙角、陡坡	1.00	0.50
人行道	0.75	0.50
高 2m 以下的围墙	1.00	0.75
高 2m 以上的围墙	2.00	1.00
天桥的柱及架线塔、电线杆中心	2.00	不限
冷却池外缘	40.00	不限
冷却塔	高 1.5 倍	不限
体育用场地	3.00	3.00
排水明沟边缘	1.00	0.50
邮筒、路牌、车站标志	1.20	1.20
警亭	3.00	2.00
测量水准点	2.00	1.00

（三）宅旁绿化的形式

1. 树林型

树林型宅旁绿化是一种常见的绿化形式，特点是树木种植浓密，形成小型森林的景观。该种绿化形式是通过大量的乔木和灌木种植，以达到形成自然、宁静的环境效果。树林型宅旁绿化不仅能够提供阴凉，增加绿色覆盖面，还能起到净化空气，吸收噪声，提高居住区环境质量的作用，具有较高的实用性和观赏性，且适应性强，易于维护管理。在选择树种时，应考虑到其习性，选择生长速度适中，耐修剪，对环境适应性强的树种。在实施树林型宅旁绿化时，应注意避免将树木种植得过于密集，以免影响通风采光。同时，应根据季相变化，选取常绿和落叶树种搭配种植，以保证四季常绿，提升景观效果。

2. 游园型

游园型宅旁绿化是一种生态与休闲相结合的绿化形式，强调绿地的开放性与互动性。主要特点是结合游园设施，提供居民日常散步、运动和休憩的空间，使居民在享受绿色环境的同时，参与绿地活动，增强其与环境的互动。

在游园型宅旁绿化中，绿地设计者会以合理布局的植被和环境互动设施为特色，强调空间的使用性。在设计时，往往结合了休息座椅、步行道、儿童游乐设施等元素，并考虑绿地内的行走路径，以满足不同年龄层次的居民需求。在植被选择上，游园型宅旁绿化注重选择耐踏、生长旺盛的草坪和多样化的观花灌木、花卉，以及一些造型各异的乔木，以增加绿地的观赏价值和生态价值。通过合理的设计，游园型宅旁绿化不仅能提供丰富多彩的休闲空间，而且能营造舒适宜人的居住环境。

3. 棚架型

棚架型宅旁绿化主要采用藤蔓类或攀缘植物，如蔷薇、爬山虎等，利用其特有的生长习性，进行独特的造型设计。这种绿化方式在节省空间的同时，可以提供宜人的凉爽空间，成为宅旁绿地中的一处亮点。该类绿地形式的设计需要考虑到植物种类、棚架材质、植物生长习性等因素。设计师通常会在适合的位置设置棚架，如宅旁走道、门口或者休息区等地，既能为居民提供遮阳和私密空间，又能让居民获得全新的视觉体验。同时，棚架的形式、颜色和结构需要与周围环境协调，以实现整体的视觉效果。

4. 草坪型

草坪型绿化中心在于设计的精细度和维护的持续性。精心选择适应性强、耐踩踏的草种，便于维护和管理，同时，能满足居民的活动需求，是设计中的重要考虑因素。草坪的铺设应考虑到地形、阳光、排水等实际情况，以保证草坪的健康生长。草坪型宅旁绿化既可以单独存在，也可与其他绿化形式，如乔灌木、花坛、水景等结合，创造出丰富多样的绿地景观。它既为居民提供了一个开放、自由的活动空间，也可以作为休息、游玩、社交的场所。草坪绿地还具有优良的环境效应，如改善微气候、吸收空气中的尘埃等。另外，草坪的管理维护是保持其美观和生态效益的关键。包括定期修剪、施肥、浇水和病虫害的防治等，以保持草坪的整洁和活力，延长其使用寿命。这样，草坪型宅旁绿化不仅可以美化环境，还可以提供一个人与自然亲近的空间，增强居民的归属感和满意度。

二、居住区配套公建所属绿地规划设计与表现

（一）居住区配套公建所属绿地设计要点

居住区配套公建所属绿地设计，一是与小区公共绿化相邻布置连成一片。二是保证各类公共建筑、公用设施的功能要求。居住区专用绿地应根据居住区公共建筑和公用设施的功能要求进行绿地设计，形式多样，如表 6-2 所示。

表6-2　居住区公共建筑和公用设施的功能

类型 设计要点	绿化与环境空间关系	环境措施	环境感受	设施构成	树种构成
医疗卫生 如医院门诊	半开敞的空间与自然环境（植物、地形、水面）相结合，有良好隔离条件	加强环境保护，防止噪声、空气污染，保证良好的自然条件	安静、和谐，使人消除恐惧和紧张感。阳光充足、环境优美，适宜病员休息、散步	树木花坛、草坪、条椅及无障碍设施，道路无台阶，宜采用缓坡道，路面平整	宜选用树冠大、遮阴效果好、病虫害少的乔本、中草药及具有杀菌作用的植物
文化体育 如电影院、文化馆、青少年之家	形成开敞空间，各建筑设施呈辐射状与广场绿地直接相连，使绿地广场成为大量人流中心	绿化应有利于组织人流和车流，同时，要避免遭受破坏，为居民提供短时间休息的场所	用绿化强调公共建筑个性，形成亲切热烈的交往场所	设有照明设施、条凳、果皮箱、广告牌。路面要平整，以坡道代替台阶，设置公用电话、公共厕所	宜以生长迅速、健壮、挺拔、树冠整齐的乔木为主。运动场上的草皮应是耐修剪、耐践踏、生长期长的草类
商业、饮食、服务 如百货商店、饭店等	构成建筑群内的步行道及居民交往的公共开敞空间。绿化应点缀并加强其商业气氛	防止恶劣的气候、噪声及废气排放对环境的影响；人、车分离；避免互相干扰	由不同空间构成的环境是连续的，从各种设施中可以分辨出自己所处的位置和要去的方向	具有连续性的、有特征标记的设施树木、花池、条凳、果皮箱、电话亭、广告牌等	应根据地下管线埋置深度，选择深根性树种；根据树木与架空线的距离选择不同树冠的树种
教育 如托幼所、中小学校	构成不同大小的圆合空间，建筑物与绿化、庭院相结合，形成有机统一、开敞而富有变化的活动空间	形成连续的绿色通道，并布置草坪及文化活动场，创造由闹到静的过渡环境，开辟室外学习园地	形成轻松、活泼、幽雅、宁静的气氛，有利于学习、休息及文娱活动的开展	游戏场及游戏设备、操场、沙坑、生物实验园、体育设施、座椅或石桌凳、休息亭廊等	结合生物园设置菜园、果园、小动物饲养园，选用生长健壮、病虫害少、管理粗放的树种

续　表

类型 设计要点	绿化与环境空间关系	环境措施	环境感受	设施构成	树种构成
行政管理 如居委会、街道办事处	以乔灌木将各孤立的建筑有机地结合起来，构成连续围合的绿色前庭	利用绿化弥补和协调与建筑之间在尺度、形式、色彩上的不足，并消除噪声及灰尘对办公的影响	形成安静、卫生、优美、具有良好小气候条件的工作环境，有利于提高工作效率	设有简单的文化设施和宣传画廊、报栏，以活跃居民业余文化生活	栽植庭荫树、多种果树，树下可种植耐阴经济植物。利用灌木、绿篱围成院落
其他 如垃圾站、车库	构成封闭的围合空间，以利于阻止粉尘向外扩散，并利用植物作为屏障，控制外部人员的视线	消除噪声、灰尘、废气排放对周围环境的影响，能迅速排除地面水，加强环境保护	内院具有封闭感，且不影响院外的景观	露天堆场(如煤、渣等)、运输车、图墙、树篱、藤蔓	选用对有害物质抗性强、能吸收有害物质的树种。枝叶茂密、叶面多毛的乔灌木；墙面、屋顶用爬藤植物绿化

（二）配套公建所属绿地规划

1. 中小学及幼儿园的绿地设计

中小学及幼儿园的绿地设计是创建一个良好学习和活动环境的关键。合理的设计不仅仅能提供舒适宜人的环境，更能帮助学生和幼儿接触自然，学习和了解生态知识，从而在日常生活中培养他们的环保意识和生态文化素养。

为了保障学生和幼儿的身体健康，在进行绿地设计时需要挑选无毒、无刺且不易引起过敏反应的植物。例如，柔和的绿色草皮和落叶灌木可以为学生和幼儿提供安全的运动和游戏空间。要避免种植可能引起学生和幼儿好奇并误食的有毒植物，如铁木等。设计师应利用绿地设计为学生和幼儿提供接触和学习自然的机会。例如，可以设置一些有趣的自然

探索区，如设立观察昆虫、鸟类的地点，创建微型生态池，或建设食物森林等，让学生和幼儿可以观察和了解植物的生长、昆虫的习性和季节的变化等自然现象。绿地设计还可以提供一种情景教学的环境。比如，种植各种食物作物，让学生和幼儿能够亲身体验与观察植物从种子到成熟的整个生长过程，深化他们对生命和自然的理解。

2. 垃圾站环境的绿地设计

对于垃圾站周围的绿地布局，设计者需要考虑如何方便垃圾车的通行和垃圾的装卸。合理的设计应当保证主要的通行路线畅通无阻，在不影响工作的地方种植植被。可能的设计方案是在垃圾站周围种植低矮的灌木和草本植物，不仅不会阻碍视线，还能增加绿色感。考虑到垃圾站可能存在的污染问题，选择耐污染的植物是一种明智的做法。这些植物不仅能够在恶劣环境中生存，有些还能通过吸收和分解有害物质，对环境进行净化。例如，蓬莱黄芪、草木樨等植物都被证实具有较强的抗污染和修复土壤的能力。对于环境美化和气味处理，绿色植被是非常有效的工具。通过设计，植被可以改善垃圾站的视觉感受，减轻其对周围环境的冲击。比如，可以种植一些常绿的高大乔木，用来作为垃圾站的视觉屏障。此外，还可以通过一些薰衣草、柠檬草等植物自然散发的香气，解决垃圾站的气味问题。

3. 小区停车场及车库的绿地设计

小区停车场及车库绿地设计可以从如下两个方面进行考虑。

第一，可将宅间绿地的背阴面道路扩大为 4 ～ 5m 宽的铺装小广场，在小广场上划出小汽车停车位。这样的设计解决了宅间绿地背阴面管线多、探井多、光照差、土壤过于贫瘠、人为损坏较严重等造成的绿化保存率极低的问题。

第二，建地下、半地下车库。将车库设计为地下或半地下式，车库顶层恰好作为集中绿地的小广场，供居民游憩之用。

三、居住区道路绿地设计与表现

（一）道路分级及绿化设计

在居住区，不同等级的道路有着不同的绿化设计要求和实施要点，如表 6–3 所示，因此，设计师在进行设计时应做区别对待。

表6–3　居住区道路分级及绿化设计要求和实施要点

道路分级	绿化设计要求和实施要点
居住区道路	居住区道路是联系各小区或组团与城市街道的主要道路，兼有人行和车辆交通的功能，其道路和绿化带空间、尺度与城市一般街道相似，其绿化带的布置可采用城市一般道路的形式
小区道路	小区路上行驶车辆虽较居住区级道路少，但绿化设计也必须重视交通要求，道路离住宅建筑较近时，也应注意防尘减噪
组团路	居住区组团级道路一般以通行自行车和行人为主，路幅与道路空间尺度较小，一般不设专用道路绿化带，绿化与建筑的关系较为密切，在居住小区干道、组团道路两侧绿地中进行绿化布置时，常采用绿篱、花灌木强调道路空间，减少交通对住宅建筑和绿地环境的影响
宅间小路	宅间小路是通向各住户或各单元入口的道路，主要供人行，绿化设计中道路两侧树木的种植应适当退后，便于必要时救护车或搬运车辆直接通达单元入口，有的步行道与交叉口可适当放宽，与休闲活动场地结合，形成小景点

（二）行道树的种植设计

行道树种植要点如表 6–4 所示。

表6-4　行道树种植要点

要　点	内　容
选择树种	要选择能适应城市各种环境因子、对病虫害抵抗能力强、苗木来源容易、成活率高、树龄长、树干比较通直、树姿端正、体形优美、冠大荫浓的行道树树种，且树种不能带刺，要能经受大风袭击（不是浅根类），花果无臭味，不招蚊蝇或害虫，落花落果不打伤行人、不污染路面
景观效果	行道树的种植不同于一般城市道路两旁行道树的种植，而要与两侧的建筑物、各种设施结合，形成疏密相间、高低错落、层次丰富的景观效果
株距确定	行道树株距要根据苗木树龄、规格的大小确定，要考虑树木生长的速度，在一些重要的建筑物前种植时，行道树不宜遮挡过多，株距应加大，以展示建筑的整体面貌
可识别性	要通过绿化弥补住宅建筑单调雷同的不足，强调组团的个性，在局部地方种植个性鲜明、有观赏特色的树木，或与花灌木、地被草坪组合成群体绿化景观，增强住宅建筑的可识别性

道路绿化并不仅仅局限于沿街等距离种植行道树，或者追求覆盖整条街道的绿荫。实际上，这种绿化模式需要依据具体的道路环境和条件进行调整与规划。例如，在道路的弯道或交叉口附近的绿地，或者在居民住宅前的道路边绿地，行道树和其他低矮的花卉可以组合成树丛。对于部分路边绿地中，不设置行道树也是一种可行的设计策略。此外，在建筑物的东西向侧墙旁种植乔木是一个好选择，而在街道对面的绿地中，可以不设置行道树，以便打造灵活且有序的道路空间。这种绿化设计方法可以强化居民区开放空间的互动性，形成一种连续的、开放的空间格局。在整个居住区内，这种设计可以创造出既富有变化，又连贯一致的开放空间，提升居民区的整体景观效果和使用功能。

四、居住区绿地的植物选择与配置

（一）居住区绿地的植物选择

1. 选择本身无污染、无伤害性的植物

无污染的植物通常指的是不会释放有毒或刺激性物质的植物。这些物质可能在人们接触植物时或者植物在特定环境条件下，如高温、潮湿时被植物释放出来，可能导致过敏、呼吸困难等健康问题。因此，对于居住区的绿地，应优先选择这些无污染的植物。无伤害性的植物则通常指的是不会通过其物理特性，如尖锐的叶子或刺，给人们带来伤害的植物。在居住区的绿地，尤其是儿童常常玩耍的地方，应避免选择有伤害性的植物。

2. 选用抗污染性较强的树种

抗污染性较强的树种，通常意味着这些树种能够适应城市环境并可以在复杂的城市环境中生长、繁殖。它们可以在恶劣的环境条件下生存，如在空气被污染、土壤被污染和水源被污染的环境中生存。更重要的是，这些树种能够抵抗并减少污染物的影响，如吸收并清除空气中的有害物质，如二氧化硫、氮氧化物等，从而改善空气质量。这些抗污染性强的树种通常具有较强的生命力和适应力，可以在土壤质量较差、水源有限或者受到其他压力的情况下生长。这对于城市居住区的绿地设计来说，是一种非常有价值的特性，可以确保绿地在环境条件不利于生长时仍能保持良好的景观效果。

3. 选用耐阴树种和攀缘植物

耐阴树种具有在光照不足的环境下生长的能力，这使它们成为城市居住区绿地设计中的理想选择。由于建筑物的遮挡，居住区绿地的光照往往不足，此时耐阴树种就能够发挥它们的特性，以健康的状态生长，取得良好的景观效果。攀缘植物具有很强的生长能力和适应性，能够在墙壁、栅栏甚至是建筑物的缝隙中生长。攀缘植物不仅能形成供人欣赏

的景观，还可以通过覆盖墙面，减少墙体的热量吸收，降低周围的温度，从而改善居住区的微气候。

4. 少常绿，多落叶

落叶树种在秋季落叶，暴露出的树冠结构，既形成了独特的冬季景观，又可以让冬季的阳光能够更好地进入室内。而在夏季，落叶树木茂盛的叶片能够有效地阻挡太阳直射，减少室内温度的上升，为居民提供了良好的阴凉环境。落叶树种多样的叶色，不仅在秋季能够给人带来丰富的视觉体验，还可以通过不同树种的搭配，创造出不同的景观效果。相比之下，常绿树种虽然全年都是绿色的，但由于其常年遮挡阳光，会影响到居民区内的光照，特别是在冬季，可能会让人感到阴冷，且不易感受到季节的变化。

5. 以阔叶树木为主

阔叶树种自身的生态功能非常显著，它们的广阔叶片可以增加光合作用的面积，有利于空气净化，也可以遮挡阳光，为居民创造舒适的微气候环境。阔叶树种的种类多样，有助于实现居民区绿地内的植物种类多样化。这为不同季节或不同环境条件下的绿化提供了更多的植物选择，也为根据具体的居民需求和偏好进行个性化的植物配置提供了更多的植物选择，有利于提高居民对居住环境的满意度。阔叶树种的生长周期较长，能够保持较长时间的绿化效果，从长远角度来看，有利于居民区绿地的持续性发展。

6. 植物种类丰富

从生态角度来看，多样性的植物群落有助于维持生态系统的稳定性，有利于增强其韧性。当植物种类丰富时，生态系统中各种生物的生态环境更为多样化，能够吸引更多种类的鸟类、昆虫等动物，形成丰富的食物链和生物网络。这样的生态环境能够抵抗疾病和害虫的入侵，维持生态平衡。丰富的植物种类能够为动物提供丰富的食物资源和生息环境，进一步促进生态系统的稳定性。不同的地区和文化有其特定的植物种类，这些植物不仅构成了特定的风景，也可能与该地区的文化传统、节日习俗有关。种植这些植物，可以让居民在日常生活中了解和传承文化传统，这也是生活品位的体现。丰富的植物种类还可以提供更多的视觉享受，不同的植物在不同的季节有不同的色彩和形态，可以给人们带来乐趣，使人们在欣赏美景的同时，也能感受到大自然的节奏和韵律。

7. 选用与地形相结合的植物种类

各种地形的特点都会影响到植物的生存环境。比如，低洼地区可能存在土壤中水分过多的问题，需要选择适应湿润环境的植物，如水杉、荷花等；而高地或坡地则需要选用对干旱、风力等有更强抵抗力的植物，如柏树、松树等；在斜坡上，可以选择具有较强根系的植物，能够稳固土壤，防止水土流失。地形与植物的选择还会影响到绿地的景观效果。例如，在平坦的地面上，种植高大的乔木，可以创造出壮观的景象；在起伏的地形上，配置一些低矮的灌木和地被植物，可以制造出更丰富的视觉效果。

（二）居住区绿地的植物配置

1. 确定基调树种

所谓“基调树种”，就是对整个绿地景观产生主导和引领作用的树种。它们在绿地中占据主要的位置，可以说，基调树种是绿地景观的“主角”，对于绿地的整体风格和特色具有决定性影响。在选择基调树种时，有几个因素需要考虑。一是树种本身的特性，包括形态、生长习性、适应性、生命力、抗病虫害能力等。这些特性能够确保基调树种能生长良好，同时，能创造出良好的景观效果。二是树种对环境的适应性，包括对土壤、气候、光照等条件的适应，因为这些因素将影响树种的生长状况和景观效果。三是树种的生态功能，如空气净化、减小噪声、防止水土流失等功能。

2. 点、线、面结合

点是指独立而突出的植物或植物群落，它们是绿地中的重点和焦点，吸引观察者的注意力，有时候也会作为重要的标志或者象征。线是指沿

道路、水体等线性空间分布的植物，它们通常以排列或群落的形式存在，具有引导视线、界定空间边界、连接空间节点等功能，同时，丰富了景观的层次，增加了景观的深度。面是指大面积的植被，包括草坪、林地、花坛等，它们构成了绿地的主体，起到了覆盖土壤、改善微气候、提供休闲空间等作用。在居住区绿地的植物选择中，点、线、面的结合可以形成丰富多样的空间景观，满足不同的环境需要和人们的使用需求，同时，可以发挥生态功能和美学功能。

3. 尽量保存原有树木和古树名木

原有树木的保护不仅有利于维持地区生态稳定，还能够缩短新绿地的成熟期，使居住区在刚刚完成建设后就能拥有一定的景观。同时，原有的古树名木不仅具有较高的生态价值，还具有较高的历史价值和文化价值。

古树名木经历了数十年乃至百年的风雨沧桑，见证了一个地区的历史变迁，承载了丰富的人文历史信息。它们是地区历史文化的重要载体，对于保护和传承地方文化有着重要作用。古树名木通常在地方上具有标志性，是构成地方特色和风貌的重要元素。它们也是居民对自己居住环境的认同感和亲近感的重要来源，对于提高居民的幸福感和满意度有着积极作用。

4. 植物配置位置

居住环境植物配置要考虑种植位置与建筑、地下管线等设施的水平距离，避免影响植物的生长和管线的使用与维修[①]，如表 6–5 所示。

---

① 田建林，张致民. 城市绿地规划设计 [M]. 北京：中国建材工业出版社，2009：174.

表6-5　种植位置与建筑、地下管线等设施的水平距离

建筑物名称	最小间距 /m		管线名称	最小距离 /m	
	至乔木中心	至灌木中心		至乔木中心	至灌木中心
有窗建筑物外墙	3.00	1.50	给水管、闸井	1.50	不限
无窗建筑物外墙	2.00	1.50	污水管、雨水管	1.00	不限
挡土墙顶内和墙角外	2.00	0.50	煤气管	1.50	1.50
围墙	2.00	1.00	电力电缆	1.50	1.00
道路路面边缘	0.75	0.50	电信电缆、管道	1.50	1.00
排水沟边缘	1.00	0.50	热力管（沟）	1.50	1.50
体育用场地	3.00	3.00	地上柱杆（中心）	2.00	不限
测量水准点	2.00	1.00	消防龙头	2.00	1.20

5. 植物栽植间距规定

为了满足植物生长的需要，在进行居住环境植物配置时，要考虑种植的绿化带最小宽度与植物栽植间距，其要求如表 6-6 所示。

表6-6　绿化带最小宽度与植物栽植间距

名　称	最小宽度 /m	名　称	不宜小于 /m	不宜大于 /m
一行乔木	2.00	一行行道树	4.00	6.00
两行乔木（并列栽植）	6.00	两行行道树（棋盘式栽植）	3.00	5.00
两行乔木（棋盘式栽植）	5.00	乔木群栽	2.00	不限
一行灌木带（小灌木）	1.20	乔木与灌木	0.50	不限

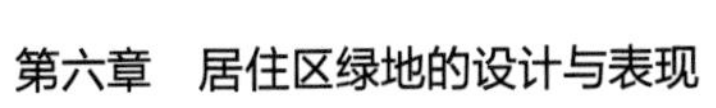

续　表

名　称	最小宽度 /m	名　称	不宜小于 /m	不宜大于 /m
一行灌木带（大灌木）	2.50	灌木群栽（大灌木）	1.00	3.00
一行乔木与一行绿篱	2.50	灌木群栽（中灌木）	0.75	1.50
一行乔木与两行绿篱	3.00	灌木群栽（小灌木）	0.30	0.80

第七章　不同类型公园的景观设计与表现

第一节　综合性公园的景观设计与表现

一、综合性公园概述

（一）综合性公园的定义与类型

综合性公园是城市的“绿色心脏”，它们拥有大规模的种植绿地和众多的休闲娱乐空间设施，是城市居民公共享用的“绿色大厅”。作为城市主要的公共开放区域，综合性公园是城市绿地体系的重要组成部分，其对于城市景观环境的构建、城市生态环境的调控以及居民的社会生活都具有至关重要的影响。各区域城市的综合公园面积可以从几万平方米到几十万平方米不等。对于中小城市来说，一般配置 1 ～ 2 个综合公园，而对于大城市来说，全市范围和区域性公园则是多点布局。依据城市内的服务受众和服务范围，公园可以被划分为市级公园和区级公园两种类型。

1. 市级公园

这类公园被视为“城市的绿色中心”，通常占据着城市的核心地带，其开放空间的面积超过 100 公顷，使之成为市民最重要的休闲娱乐场所。这种类型的公园覆盖的区域广大，设施完备且多样化。在中小型城市，一般有 1 ～ 2 个这样的公园，其辐射范围一般在 2 ～ 3 千米。对于市民

来说，步行需要 30 ～ 50 分钟，乘坐公共交通工具需要 10 ～ 20 分钟才能到达。在大型或特大型城市中，市级公园的数量可能会增加至 5 个左右，其辐射范围可能会扩大到 3 ～ 5 千米。

2. 区级公园

在大型城市中，通常会划分出许多行政区。区级公园是指服务于特定行政区的公园，其具有丰富的设施和活动内容，一般面积约为 10 公顷。这类公园是全市性公共绿地的一部分，每个行政区通常都会设有 1 ～ 2 个这样的公园。其服务范围为 1 ～ 1.5 千米，这意味着居民步行 15 ～ 25 分钟，或乘坐公共交通工具 5 ～ 10 分钟就能到达。

（二）综合性公园的功能分区与设计

1. 出入口

公园出入口的设计不仅涉及公园空间的初次印象，也关系到游客对公园空间的感知与体验。通常，公园的入口会设置在最易接触和最便于到达的地点，因此，公园出入口也就成为公园的名片，承载了公园的品牌和形象。

在对公园出入口进行设计时，安全是第一考虑的因素。出入口的设计应当确保游客可以在任何时候都能安全地进入和离开公园，这需要考虑道路交通、人流量以及公园内部的活动安全等问题。出入口的设计还应考虑其便利性。一方面，出入口应设在易于到达的地点，如考虑公共交通接入，如设在公交站点或地铁站附近，使游客可以便利地进入公园。另一方面，出入口的位置应充分考虑公园内部的景点分布和路径设计，让游客可以顺畅地进入并游览公园的主要景点。出入口的设计也应反映公园的主题和文化，出入口可以通过建筑、雕塑、灯光、植物配置等元素，传达公园的特色和主题，使其具有独特的视觉效果和情感吸引力，吸引游客进入。出入口区域也可以设置服务设施，如售票处、导游服务、休息区、卫生间等，为游客提供便利。但需要注意的是，这些设施的设计和布局应该恰当，以免破坏出入口的视觉效果和功能。

2. 文化娱乐区

文化娱乐区旨在满足人们的精神文化需求和娱乐放松需求，为城市增添独特的魅力和活力。在公园内，这一区域往往包含各种设施和活动，如博物馆、艺术馆、音乐厅、露天剧场、儿童游乐设施等。在设计时，文化娱乐区的布局和规划应注重人性化与功能性，使游客能够在享受娱乐活动的同时，感受到文化的气息和历史的沉淀。在实现这一目标时，需要注意以下几个关键因素。

第一，空间布局。文化娱乐区应设有充足和多元的活动空间。这些空间应满足不同年龄、性别、喜好的游客需求，比如，儿童游乐场、休闲阅读区、展览馆、露天舞台等。这些活动空间的位置和规模应以公园整体规划与功能分区为参考，保证每个空间的独特性并互相协调。

第二，设施设计。文化娱乐区的设施应具备良好的实用性和审美性。如儿童游乐设施应考虑其安全性和互动性，而展览馆则应注重视觉效果和空间布局。另外，便利设施如休息区、卫生间和指示标识等也需被考虑在内。

第三，主题和文化。公园的文化娱乐区应反映公园的主题和文化，如历史、自然、艺术等，这可以通过雕塑、壁画、展示等形式体现出来。这样不仅可以增加公园的吸引力，还可以加深游客对公园文化内涵的理解。

第四，绿化和景观。公园的文化娱乐区也应充分考虑绿化和景观设计，例如，使用植物、水体、石材等自然元素进行景观设计，使其既具有良好的视觉效果，又符合环保和生态要求。

第五，活动和服务。公园的文化娱乐区应设有丰富多样的活动，如音乐会、演出、讲座、展览等，这些活动应有规律地举办，吸引更多游客前来参与。此外，还应提供便捷的服务，如导游、售票、问询等，以优化游客在公园中的体验。

3. 体育活动区

体育活动区为市民提供了进行体育锻炼和休闲娱乐的场所，帮助人

们提升身体素质，丰富生活多样性，增强了社区之间的互动和凝聚力。在设计体育活动区时，位置应尽可能便利，易于游客到达，避免干扰公园内的其他功能区。规模的大小要考虑到目标用户的数量和体育活动的种类，以保证能够满足不同需求。体育活动区的设施设计也需要考虑多样性和实用性，常见的设施包括跑道、球场、健身器材等。在设计时，应确保设施的安全性和耐用性，并考虑其使用的方便性和舒适性。考虑到体育活动的社交性，体育活动区的设计还需要考虑人际交往的空间。例如，设置休息区、观赏区等，使人们在参与体育活动的同时，能与他人进行交流，增进人际关系。

4. 儿童活动区

儿童活动区是专为儿童设计的，用于满足其玩耍和学习的需要。这些区域必须有安全、富有创新性和趣味性的环境，以激发儿童的好奇心和探索欲望，同时，为他们提供宝贵的社交机会。

该区域的首要之务是确保儿童活动的安全，地面材料的选择应该能够缓冲跌倒带来的冲击，设施的设计和摆放也需要避免夹伤和碰撞伤害。儿童活动区的设计还需要考虑到儿童的年龄差异，为不同年龄段的儿童提供适当的设施，例如，幼儿需要的是小滑梯、砂石池等较为简单的游乐设施，而年龄较大的儿童则可能需要攀爬架、秋千等较为复杂的设备。在创新性和趣味性方面，通过设置各种各样的设施和活动，比如，迷宫、滑梯、砂石池、水上游乐设施等，可以激发儿童的想象力，引导他们自由探索和学习。儿童活动区还应该是一个社交的场所。在这里，儿童可以在游戏中与其他儿童互动、学习分享和合作，发展人际交往技能。因此，儿童活动区的设计还应包括一些集体活动的空间，如大型滑梯、攀爬设施等，鼓励儿童之间互动。

5. 安静休息区

安静休息区是公园设计的一个重要组成部分，其主要功能是提供一个远离城市喧嚣，享受宁静自然环境的场所。这个区域的面积通常占据公园的主要部分，且人口密度相对较低。游客可以在这里静静地休息、漫步，或是欣赏美丽的自然景色。与城市的繁忙街道，以及公园内的文化娱乐区、体育活动区和儿童活动区等形成明显的对比和隔离，安静休息区的环境更加宁静和谐。这个区域内的公共设施通常较少，并且通常位于离人群相对较远的地方，以保证它的静谧和幽雅。

然而，这并不意味着这个区域与其他区域隔离。相反，应该在保证其宁静的同时，需确保其与其他区域的便捷联系，方便游客自由穿梭。安静休息区的一大特点是其丰富的绿地和多样化的植物配置。这些区域通常选在绿地基础较好且树木丰富的地方，这样不仅能为游客提供优美的景观，还可以利用起伏的地形和丰富的植物资源，创造出各种各样的风景效果。在保持自然风景的同时，可以适当地布置一些建筑和服务设施，如亭榭、茶室、阅览室、垂钓区等，同时，设置座椅和长凳，为游客提供休息的场所。在大面积的安静区内，还可以提供一些简单的娱乐设施，如棋室，或者利用水面进行一些静态的水上活动。这些都可以丰富游客的体验，同时又不会破坏其宁静的气氛。

6. 园务管理区

综合性公园内的园务管理区是一种专门设计的内部空间，用于处理公园的日常运营和管理事务。这个区域通常由管理办公区、储存和工作区、植物苗圃区以及生活服务区等不同部分构成。这些区域的布局可根据地理位置和管理需求进行调整，既可以集中配置，又可以分布在公园的多个地方。

管理办公区是园务管理的核心，这里是公园内各类行政事务、日常运营和管理决策的主要场所。储存和工作区则是存放公园维护工具、清洁设备等物资的地方，也是维护工作人员执行日常任务的重要场所。植物苗圃区是用于种植和培育公园内所需的各类植物的地方，包括季节性的花卉、树木等。生活服务区则是为工作人员提供日常生活所需的设施，如休息室、餐厅等。

园务管理区的位置应考虑到管理效率和城市交通的便利性，既要能够方便进行公园内的各类管理工作，又要能够与城市其他部分保持良好

的交通连接。此外，考虑到安全和隐私问题，园务管理区应与公园的其他游客区域进行适当的隔离，并设置专用的出入口，以方便物资运输和应对紧急情况，如火灾等。总之，园务管理区是维持公园正常运营和管理的重要空间，其设计和布局需要综合考虑工作效率、安全和便利性等因素。

二、公园用地比例

公园用地比例应根据公园类型和陆地面积确定，制定公园用地比例，目的在于确定公园的绿地性质，以免公园内建筑及构筑物面积过大，破坏环境、破坏景观，从而造成城市绿地减少或被损坏。

三、公园游人容量计算

在《公园设计规范》（GB 51192-2016）中，公园游人容量计算公式如下：

$$C=（A_1/A_{m1}）+C_1$$

式中：C——公园游人容量（人）；

A_1——公用总面积（m^2）；

A_{m1}——公园游人人均占有面积（m^2）；

C_1——公园开展水上活动的水域游人容量（人）。

公园游人人均占有公园陆地面积应符合以下规定数值，如表 7–1 所示。

表7–1　公园游人人均占有公园陆地面积指标

公园类型	人均占有公园陆地面积 /m^2
综合公园	30 ～ 60
专类公园	20 ～ 30
社区公园	20 ～ 30
游园	30 ～ 60

注：人均占有公园陆地面积指标的上下限取值应根据公园区位、周边地区人口密集度等实际情况确定。

四、公园地形设计

（一）不同的设计风格应采用不同的手法

公园地形设计是公园景观设计中的重要部分，它直接决定了公园的空间格局，也对公园的功能使用、植物配置、流线设计等方面产生重要影响。地形设计需要充分考虑公园的设计风格，使其与整体设计语言相协调。

对于自然主义风格的公园，应以模拟自然景观为主要目标，强调地形的自然性和起伏变化，使公园呈现出丰富多样的景观和视觉效果。在地形设计方面，可以采用一系列自然的手法打造一个充满自然、宁静的环境。例如，可以在公园中设计一些小山丘，通过合理的布局和起伏变化，营造出像山丘一样的地形特征。这些小山丘可以用来观赏和欣赏，也可以作为公园的活动区域，供游客进行放风筝、滚草坡等娱乐活动。山丘的设置不仅增加了公园的趣味性，还为游客提供了探索和冒险的机会。可以在公园中设置人工湖泊、溪流或喷泉，使水体与周围的植物和景观相融合，形成自然的水景。水体的设置不仅可以增加公园的观赏价值，还可以为游客带来凉爽和放松的感觉，提供休息和娱乐的场所。

对于现代主义风格的公园，地形设计注重体现现代感和设计感，采用抽象、几何化的手法创造独特的景观。在地形设计方面，可以运用一些特殊的设计元素展现现代主义的特点。例如，可以设计一些台地、露台和广场等几何化的空间，这些地形设计可以作为公园的重要活动区域，为游客提供休息、娱乐和社交的场所。台地和露台的设计可以创造出立体感和层次感，增加公园的空间层次和视觉效果；广场的设计可以作为公园的中心节点，用于举办活动、演出和展览等，展现出公园的现代氛围。也可以运用抽象的几何形状打造独特的景观，通过植物的布置和造型创造出几何化的图案，营造出现代感和艺术感；运用水景和雕塑等公共艺术作品，与地形设计相结合，形成富有现代感的景观。

对于历史文化风格的公园，地形设计则应突出展现历史文化，以

创造一种浸润历史氛围的空间体验。可以根据历史建筑和文化遗址的布局和特点进行规划，保留原有的地形地貌，比如，小山丘、水体等，有助于恢复历史文化的场所原貌。结合历史建筑的布局和历史事件的重要节点布置地形，使游客在游览过程中能够感受到历史文化的连续性和独特性。还可以通过复原历史文化元素，如古井、古桥、古道等，重现历史时期的风貌。这样的设计可以让游客在公园中穿越时空，感受历史的厚重和深远。历史文化风格的公园地形设计也需要考虑文化遗址和历史建筑的保护，保护历史建筑和文化遗址是公园地形设计的重要内容，通过合理的规划和布局，保护这些珍贵的历史遗产，使其得以永久保存和传承。

（二）应结合各分区规划的要求

各分区所需的地形特征和设施会有所不同，因此，在设计中要特别注意其间的相互配合，以满足各区域的特性和功能。例如，在设计儿童活动区时，地形设计应以平坦、易于监管的地形为主，同时，也可以设计一些小巧、轻微的起伏，以增加游玩的乐趣和挑战性；在设计文化娱乐区时，地形设计需要考虑到集聚人群的需要，如能够容纳大量人群的广场、舞台等，这些区域的地形也需要考虑视觉效果和声学效果，使在这些区域进行的文化活动能够达到良好的观赏效果。

（三）应与全园的植物种植规划紧密结合

地形与植被之间存在深刻的相互影响和关联的关系，它们共同构成了公园的基础结构和视觉形象，塑造了公园的空间感和氛围。

地形对植物生长的影响显而易见。斜坡、山丘、低洼地等不同地形类型对植物的光照、排水和土壤性质产生了直接影响。例如，阳坡可以用来种植喜光植物，阴坡则更适合种植阴性植物。地形高低不平也影响了土壤的排水能力，一些需求排水良好的植物可以种植在坡地或高地上。植物种植规划可以充分利用地形，创造出丰富的景观效果。例如，利用高差种植不同层次的植物，形成立体的植被结构；利用坡地种植色彩丰富的花卉，形成“花海”景观；或者利用低洼地种植水生植物，打造出“水景”效果。地形还可以作为植物种植的自然屏障或分隔线，以区分不同的功能区或景观主题。比如，可以利用山丘作为噪声的屏障，创造出宁静的休息区；利用低洼地作为水域，与周围的地形和植被形成对比，突出特定景观的主题。

（四）注意竖向控制

竖向控制是公园设计中不可或缺的一环，主要涉及的要素包括山体最高点的海拔高度，水体的最高、常规及最低水位标高，以及水底的标高。同样，岸边的高度、各种路径（包括转弯处、交叉点和坡度变化处）的标高，重要建筑物的底层和室外地平面，各入口和出口内外的地面高度，以及地下设施（包括管线和地下结构）的深度，都是竖向控制的重要考量因素。

在保证公园游览安全的同时，水体深度的控制也非常重要。通常，水体的深度应在 1.5 ～ 1.8 米，以防止发生溺水事故。对于近岸区域（例如，人工水体硬底的 2 米范围内），水深应控制在 0.7 米以下。如果超过这个深度，必须安装护栏以防止游客滑入水中。此外，在无护栏的桥梁和踏步附近的 2 米范围内，水深不应超过 0.5 米，以保障游客的安全。这些都是公园设计中竖向控制的关键要素。

五、公园种植设计

在对公园种植进行设计时，应当注意以下三大内容，如图 7–1 所示。

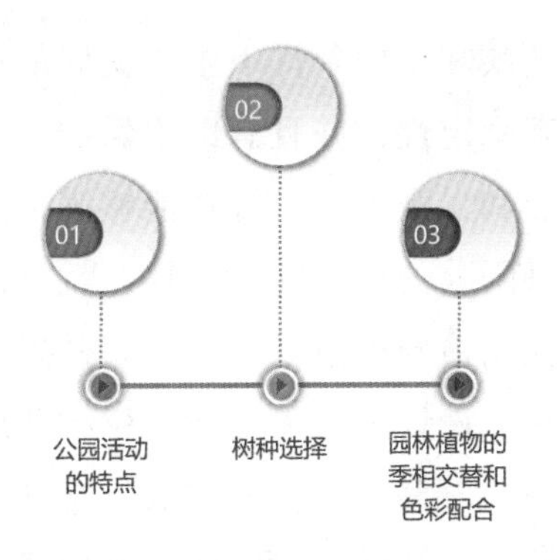

图 7-1　公园种植设计要注意的内容

（一）公园活动的特点

公园是多功能的开放空间，不仅供人们进行户外运动，还为人们提供欣赏自然美景、进行社交活动和享受宁静的场所。因此，公园的活动特性对种植设计具有决定性的影响。例如，运动区域可能需要开阔的草地以供人们进行体育活动，而在此区域的种植设计应尽可能不妨碍活动的进行。相反，在需要安静和隐私的区域，比如，阅读区或冥想区，可能需要丰富的植被，以创造出宁静的环境。对于供人们进行社交活动的区域，如野餐区或公园里的咖啡馆，周围的植被可能需要设计成既能遮阳又能供游客欣赏美景的样式。

公园的活动特性还与植物的种类和配置方式有关。例如，供儿童玩耍的区域可能需要采用更坚韧、易于管理的植物种类，而观赏区则可能需要花卉和季节性植物，以提供视觉上的变化和刺激。为了满足特定活动的需要，一些特定的植物，比如，果树或草药植物，可能会在相关区域种植。

（二）树种选择

设计师需要考虑树种对于当地气候和土壤条件的适应性，不同的树种对于温度、湿度、光照和土壤 pH 值等环境因素有不同的需求与耐受性。因此，选择当地气候和土壤条件下生长良好的树种，可以减少维护成本，增强公园的生态稳定性，并且有助于保护本地生物多样性。设计师需要根据公园的功能和景观需求，选择能够满足这些需求的树种。例如，如果公园需要提供阴凉的休息空间，那么就可以选择具有较大冠幅的乔木；如果公园需要创造春季或秋季的景观效果，那么就可以选择开花或者落叶变色的树种。设计师还需要考虑树种的维护管理需求。有些树种易产生病虫害，需要频繁地疏枝和修剪，维护成本较高；有些树种可能会影响下层植物的生长，或者对周围环境造成负面影响，比如，果实掉落、根系浅表等。

（三）园林植物的季相交替和色彩配合

一年四季，园林植物的生长状态都有着显著的变化，每个季节都有其特定的色彩和形态。春天是生机盎然的绿色和多彩的花朵，夏天是浓郁的绿意和多样的果实，秋天是五彩斑斓的叶子，冬天是素白的雪景和坚韧的枝条。这种季相交替，不仅赋予了公园动态的生命力，还让公园的景色呈现出丰富的变化。设计师可以根据植物的季相特性，精心选择和配置植物，使公园在每个季节都有吸引人的特色景点。例如，选择春季盛开的樱花、夏季茂盛的绿柳、秋季红叶翻飞的枫树、冬季挺拔的松柏等。这样，在一年的不同季节，公园都能呈现出新的面貌，吸引游客来访。

在色彩配合方面，设计师需要考虑植物的叶色、花色、果色及秋季的叶变色等多个方面，以创建出和谐而丰富的色彩效果。例如，可以将红色、黄色、蓝色三色的植物配置在一起，产生强烈的视觉冲击力；也可以选择色彩接近的植物，形成柔和的色彩过渡；还可以通过调整植物的种植密度和组合方式，创造出不同的色彩深浅和层次感。

第二节　专类公园的设计与表现

专类公园是指具有特定内容或形式，有一定游憩设施的公园。如植物园、儿童公园、体育公园、城市湿地公园、风景名胜公园等。

一、植物园的设计与表现

（一）植物园的类型

1. 综合性植物园

这是最常见也是最大型的植物园类型，包含了大量的植物种类，从花卉、草本植物、树木到热带、温带植物等各种各样的植物。建设综合性植物园的目的不仅仅是展示植物的美丽，更是为了提供一个科研、教育和环保的平台。研究人员可以在植物园中进行植物分类、植物生态学、植物适应性等方面的研究，探索植物的生长规律和适应环境的能力。植物园通常配备有教育中心、讲座和导览等教育设施，通过展览、讲座、导览等形式，向公众传递植物学、生态学等方面的知识，能够提高公众对植物和自然环境的认识与重视。作为保护和研究植物多样性的场所，植物园为濒危植物的保护和繁育提供了重要的条件。通过种植和展示濒危植物，植物园呼吁公众注意对植物的保护、促进生物多样性的保护和生态平衡的维护。

2. 专题性植物园

专题性植物园的目的是深入挖掘和展示特定类型或分类的植物的特点和魅力。通过有针对性地展示和教育，公众可以更加全面地了解这些特定植物的生长环境、特性、生态习性等。专题性植物园通常会精心设计植物的布局和景观，以营造一个符合其主题的独特氛围。专题性植物园也为保护植物提供了有利条件，这些园区集中展示了特定类型或分类的植物，通过保护和繁育这些特定植物，有助于保护和维护其生态系统的完整性与稳定性。

3. 历史性植物园

历史性植物园通常以历史长河中的某一特定时期或文化为背景，种植当时的植物种类。历史性植物园通常会收集和种植当时流行或特有的植物种类，还原历史时期的园艺风格和布局，力求使游客感受到穿越时空的感觉。这种历史还原的体验，让人们更加深入地了解和感受历史文化的底蕴。历史性植物园对于历史文化的传承和弘扬也起到了积极的作用，通过展示历史时期的植物和园艺风格，让人们对历史文化有更加直观和深入的认识。同时，这类植物园也成了教育和研究的重要平台，吸引着历史学家、植物学家和文化爱好者的关注。

4. 城市公园性植物园

城市公园性植物园是位于城市中心或公园内，面向公众开放的植物园，它为城市居民提供了一个亲近自然、享受绿色空间的场所。这类植物园的设计和规划旨在打造一个和谐的生态环境，让城市居民能够在繁忙的都市生活中得到放松和舒缓。城市公园性植物园通常拥有丰富多样的植物种类，涵盖花卉、草本植物、树木以及各类观赏植物。植物园的景观设计精心规划，力求创造出宜人的自然环境，让人们在其中感受大自然的美妙。城市公园性植物园在城市中具有重要的社会功能。它们不仅为居民提供了亲近自然、放松身心的场所，还成为社区居民交流互动的平台。通过城市公园性植物园，人们能够更好地融入城市生活，增强对城市的归属感，并促进社区的凝聚力。

5. 农业性植物园

农业性植物园主要展示各种农作物和经济作物，目的是教育公众了解农业生产过程和农作物的重要性。通过生动的展示和解说，游客可以了解不同农作物的生长环境、生理特性和种植技术，从而加深对农业生产的认知。农业性植物园也是农业科研和教育的重要场所，许多植物园与农业大学、研究机构合作，开展农作物品种改良、种植技术研究等科

研项目。同时，农业性植物园还定期举办农业知识普及活动、培训班和农业体验活动，为农民和农业从业者提供实用的农业技术与信息。

（二）植物园的功能分区

1. 展览区

展览区的设计宗旨是将植物生态、生长习性，以及人类对植物的应用和改良的知识以直观的方式向游客展示，以供他们参观和学习。这里可以看到各种主题的展区：包括但不限于植物演化系列展览、有经济价值的植物展览、耐逆植物区、水生植物展览、岩石植物展览、树木区、特殊类别植物区和温室区。

2. 科研区

科研区是植物园为科研工作和生产实践设置的专用区域。为了防止人为干扰和破坏，这个区域一般不对大众开放，只对专业人员开放。包括自然群落、植物生态、遗传资源以及稀有和濒危植物保护等多方面的研究。这个区域包含实验地、引种驯化地、苗圃、示范地、植物检疫区等。

3. 职工生活区

由于植物园通常位于郊区，通勤距离较远，为了方便职工的生活，减轻城市交通压力，植物园内会设立职工生活区。这个区域包括宿舍、食堂、托儿所、理发店、浴室、锅炉房、综合服务商店、车库等设施。其布局与一般的居住区相仿。

（三）植物园的设计要求

1. 明确建园的目的、性质与任务

植物园的设计首要要求是清晰地理解和定义建园的目的、性质和任务。这将影响整个植物园的设计和运营方式。建园的目的可能涵盖多个方面，如教育、研究、保护、娱乐和社区参与。明确的目的将为园区规划提供清晰的方向，并确保各项目和活动符合总体的策略。

植物园的性质应视具体目标而定。如果主要以科研为目的，那么植物园的性质将更倾向于研究设施，配备专门的研究区域和实验室，并专注于特定的植物类别或主题。如果主要为了教育和公众参与，那么植物园的性质可能更倾向于公众开放的空间，在布局上会更注重访客体验，设有教育展示区和活动空间。

同时，还应明确植物园的责任和义务，包括为公众提供教育、保护和研究植物的空间，以及推广植物知识，提高公众对植物和生态系统重要性的认识等。明确的任务将有助于园区的有效管理和运营，使植物园能更好地服务于社区和社会，实现其存在的价值。

2. 道路系统

道路应按照从主入口到各功能区的最直接和最方便的路径布置，要考虑到道路对植物园整体景观的影响，避免过度干扰植物和自然特色的展示。对于身体健全的访客，可以设计一些具有挑战性的步行道路，如曲折的小径或陡峭的山路。对于老年人和行动不便的访客，应设计一些无障碍通道，保证他们能够舒适地参观园区。道路材料的选择也是设计过程中需要考虑的一点，应选择耐用、易于维护、环保的材料，道路材料的色调和质地应与周围的植物与自然环境相协调，以增强植物园的整体美感。道路的标识和导向系统也需要考虑，这些标识应该设计清晰、直观，以帮助访客快速理解园区的布局和结构，找到他们感兴趣的区域。标识可以包括指示牌、路标、地图等，通过图文结合的方式提供必要的信息，如景点名称、距离、方向等。通过合理规划和布置标识，访客可以轻松导航，减少迷路和不便，提升游览体验。

3. 排灌工程

不同的植物对水的需求量和频率有所不同，在设计时，需要根据植物的种类、地理位置以及土壤类型等因素，确保每种植物都得到适宜的灌溉。为了实现有效的灌溉，需要设置适当的灌溉设施，例如，喷灌系统、滴灌系统等。这些设施可以根据植物的需求，定时或按需提供适量的水分。在设计灌溉设施时，需要考虑到节水和效率，如使用雨水收集

系统或者采用更高效的灌溉方法。在排水方面，良好的排水系统能够有效防止园区过度积水，避免植物根部受损。排水设计要合理规划，确保在雨水较多时，水能顺利流出，还要注意防止水体污染，尽量避免使用可能污染地下水的化学肥料和农药等物质，保护植物园的生态环境。

排灌设施的隐蔽性也是需要考虑的因素，它们应当与园区的景观效果相协调，不影响植物园的美观和整体风格。合理规划和设计的排灌系统将确保植物园的健康生长和美丽景观，提升游客的游览体验。

二、儿童公园的设计与表现

（一）儿童公园的设施

1. 学龄前儿童的设施

为了满足这个年龄段的儿童，公园应提供一系列有助于他们探索、学习和发展身体协调性的设施。其中，最常见的设施包括滑梯、秋千和沙池等。滑梯和秋千不仅能够让儿童体验快乐，还可以锻炼他们的身体平衡能力和大肌肉群的协调性；沙池则可以刺激儿童的触觉和想象力。通过玩沙，他们可以学习创造、建造和分享。除了这些基础设施之外，还可以设置一些更具教育性的设施，比如，图形和颜色识别游戏，或是音乐和艺术相关的设施。这些设施不仅能够提供娱乐，还可以帮助儿童在游玩过程中学习新的技能和知识。

需要注意的是，为了确保儿童的安全，所有设施都应该严格按照安全标准进行设计和维护。例如，避免尖锐的边角，设施下方设置软垫，以减少跌倒带来的伤害等。

2. 学龄儿童的设施

学龄儿童的设施在儿童公园设计中，应兼顾娱乐、教育与体育活动的需要。这个年龄段的儿童已经具备更强的自主性和学习能力，因此，相关设施应侧重于挑战性和互动性。冒险游乐设施如攀爬架、复杂的滑梯或是秋千，可以满足他们挑战自我、增强自信心的需求，利于他们的身体发展和运动技能的提升。配备不同难度和主题的迷宫、趣味科学实验装置，也能够激发他们的智力和想象力，以及解决问题的能力。互动性设施，如多人乒乓球、篮球场等，不仅可以培养儿童的团结合作精神，还有助于他们在游戏中建立友谊，学习互相尊重和公平竞争的原则。

3. 成人的设施

在儿童公园设计中，也需要为成人，尤其是陪同孩子的家长提供一些设施。这些设施应当既能满足他们的休息需要，又能让他们在监护孩子的同时，得到放松和娱乐。宽敞舒适的长椅和休息亭是必不可少的。这些设施应分布在公园的各角落，尤其是在儿童游乐区附近，方便家长在孩子玩耍的时候能有地方坐下休息，也能随时观察到孩子的动态。公园内也可以设置一些轻松的运动设施，如健身路径、健身器材，让家长在孩子游玩的同时，也能进行简单的锻炼，增加身体活动。绿化带和花坛是公园中必不可少的元素，他们不仅可以美化环境，还能为家长提供一个宜人的休闲环境。成人阅读区也是一个好的选择，提供一些报纸、杂志，让家长在等待孩子的同时，可以阅读一些资讯。

（二）儿童公园设计原则

1. 多样与统一

多样主要是指公园内部的各项设施、活动区和植物配置应有多样性。要注重游乐设施的丰富性和多样性，适应不同年龄段儿童的需求，包括不同的游乐设施、运动设施、学习区等。另外，还要注重公园植物配置的多样性，选用各种不同的树种和花草，使公园环境更加丰富多彩。

统一是指公园的整体设计风格和主题应保持统一，所有设施和环境都应围绕同一个主题进行设计，使公园的整体形象突出，增强公园的吸引力。例如，如果公园的主题是“动物王国”，那么各游乐设施和环境布局都应与动物相关，如动物雕塑、动物形状的游乐设施等。

多样与统一的设计原则，旨在创造一个既丰富多彩，富有趣味性和教育意义，又具有明确主题和统一风格的儿童公园，满足儿童的好奇心

和探索欲，也给予他们美的熏陶和启发。

2. 对比与协调

对比在设计中主要体现在色彩、形状、大小、材质等方面。比如，通过明亮色彩与暗淡色彩的对比，可以突出特定的景点或设施；通过大型设施和小型设施的对比，可以创造丰富的空间感受；通过软质材料和硬质材料的对比，可以增加观感的多样性。对比可以产生强烈的视觉冲击力，引发儿童的好奇心和探索欲望。

协调是为了保证整个公园的和谐统一。色彩、形状、大小、材质等方面的设计，都应遵循一定的规律和比例，确保各部分之间的相互关系协调一致，使整个公园空间既富有变化，又不失和谐。

（三）儿童公园的绿化配置

在儿童公园的绿化设计中，需要考虑以下几个方面。

1. 安全性

在选取植物时，必须特别注意排除有毒和刺的植物，尤其是对于儿童活动区域，避免潜在的伤害风险。在规划和设计植物园时，可以选择适合家庭和儿童的友好植物，例如，一些观赏性好、无毒、没有尖锐刺的植物。针对儿童活动区域，可以选择低矮的灌木或者植物，以及柔软的草坪，为儿童提供更安全的活动环境。合理规划道路和游览线路，设置警示标识，也是确保植物园安全的重要措施。

2. 教育性

在选取植物时，应特别关注那些具有教育价值的植物，如常见的花卉和树木、水生植物、季节性开花的植物等。这些植物可以为儿童提供观察和学习的机会，帮助他们了解植物的生长过程、特征和适应环境的能力。在公园中布置一些教育性的植物标识牌或展示板，配以简单易懂的文字和图片，向儿童介绍各种植物的名称、特点和生态知识。通过这种方式，儿童可以在观赏植物的同时，增加对自然的认识和兴趣。公园也可以举办植物知识普及活动，如植物讲座、植物观赏导游等，进一步加深儿童对植物的了解和学习。

3. 体验性

儿童对于环境的感知和触觉体验十分敏感，因此，在选择植物时，应考虑植物的不同质感、色彩和形态。例如，可以在公园中种植触感丰富的草地，让儿童裸脚走在上面，感受草地的柔软和舒适。同时，色彩鲜艳的花卉也能吸引儿童的注意，让他们在欣赏美丽的花朵时获得愉悦的感觉。除了触感和色彩之外，植物的形态也是增加体验性的重要因素。公园中可以选择一些具有趣味性的植物，如奇特形状的树木、有趣的叶片结构等，让儿童在观赏植物的同时，体验到植物世界的奇妙之处。

4. 美化环境

通过选用适当的植物，可以增加公园的美感和舒适度，为儿童提供一个宜人的环境。大树是美化公园的重要元素之一，它们可以提供丰富的阴凉空间，在炎热的夏天为儿童提供舒适的遮阴休憩地。大树的枝叶和树干也可以成为儿童的天然攀爬和游戏场所，增加了公园的趣味性。花草是另一种美化公园环境的植物选择。色彩鲜艳的花朵可以为公园增添生气和活力，吸引儿童的目光。在公园的合适位置种植花草，如花坛、花园等，可以点缀整个环境，使公园充满生机和美感。植物的选择应与公园的整体设计和主题相协调，形成统一而和谐的景观。合理规划植物的种植位置，创造出丰富多样的景观效果，可以使儿童公园更加吸引人，成为儿童喜欢的活动场所。

5. 层次感

通过合理选择和配置不同类型与高度的植物，可以形成丰富的立体感和视觉效果，使公园更加生动和有趣。大型树木是公园中的主要景观元素，它们可以为公园提供稳定的结构和阴凉空间。高大的树木可以成为公园的“天幕”，为儿童提供舒适的遮阴休息区。在大树的周围，可以种植一些低矮的灌木和花草，形成对比，增加层次感。这些灌木和花草可以点缀整个公园，为公园增添生气和活力。也可以考虑在园区的某些区域种植一些爬藤植物，如藤蔓、爬山虎等，它们可以在墙壁、栅栏

等建筑物上攀爬生长，增加公园的垂直层次感，形成独特的景观效果。爬藤植物还可以为公园提供绿色覆盖，增强公园的绿色氛围。

6. 可持续性

选择适应本地气候和土壤条件的植物可以大大降低植物的维护成本，并减少对水资源的需求。本地植物通常能够更好地适应当地的气候和土壤条件，更容易生根并健壮生长。此外，这些植物也能够更好地抵御当地的虫害和疾病，减少对农药的使用，有助于保护环境和生态系统的平衡。选择可持续的植物还可以帮助节约水资源。本地植物通常利用降雨水和少量灌溉就能满足生长需要，减少了浪费和水资源的过度消耗，这有助于应对干旱和水资源短缺的问题，对于那些属于水资源紧缺地区的公园尤其重要。

三、体育公园的设计与表现

（一）体育公园的功能与类型

体育公园是城市中的一种特色空间，为公众提供了进行身体锻炼、参与体育活动以及进行游览和休闲的场所。它是综合了绿化区域、体育设施和服务建筑的多功能综合体。体育公园的主要职责是满足公众开展体育活动的需求，提供必要的设施和条件。

体育公园可根据其规模及配套设施的程度进行分类。一种是大型体育公园，它拥有完备的体育场馆等设施，占地广阔，能够举办各类大型运动赛事，比如，北京的亚运村中心及上海的闵行体育公园，就是这类公园的代表。这些公园具备高规格的体育设施，并为广大市民提供休息、散步的绿化空间。另一种是城市中的小型体育公园，它们通常设立在城市的某个绿地上，配备了一些基本的体育设施，如各种球场和其他供公众进行身体锻炼的设备，比如，北京方庄小区的体育公园，就是这类公园的典型案例。

（二）体育公园设计原则

1. 安全性原则

在设计体育公园时，安全应作为首要考虑因素。所有运动设施都应符合安全标准，避免在运动过程中发生意外伤害。同时，公园内的道路、照明以及应急设施也应设计得尽可能安全，以保障公众在公园内的安全。

2. 功能性原则

体育公园的设计应以满足公众体育需求为主要目标，提供多样化的体育设施和活动场所。这意味着在设计时需要充分考虑公众的运动习惯，提供多样化的运动设施，以满足公众对不同类型运动的需求。比如，可以设置跑步道，供喜欢慢跑和散步的人们锻炼身体；可以建设足球场、篮球场、羽毛球场等，满足喜欢团队运动的人们的需求；可以建设游泳池，供喜欢游泳的人们锻炼。此外，体育公园的设计既要考虑到运动设施的布局和空间的合理利用，设计师应该合理规划不同运动设施之间的距离和布局，使公众能够方便地使用不同的运动设施，还要考虑到公园内的交通流线和活动空间，确保公园的使用效率和舒适度。

3. 可达性原则

一个好的体育公园应该位于市民易于到达的地方，并且应该有良好的公共交通连接，以方便市民前往参与体育活动和休闲。体育公园的选址应该考虑到市民的出行便利性，公园应该位于人口密集的地区，方便大多数市民步行或骑车前往。如果可能，还可以考虑选择靠近公共交通站点的地点，这样更多的市民可以通过公共交通方式到达公园。体育公园内部的设施和景点也应该易于导航和到达，在公园内设置明确的标识和导向系统，为市民提供准确的导航信息，使他们可以方便地找到自己感兴趣的体育设施和活动场所。公园内部的道路和步道设计应合理，避免出现复杂的交叉路口，确保市民能够快速、轻松地到达目的地。需要注意，可达性原则也包括对特殊群体的考虑，例如，对于老年人和残障人士，公园应该提供无障碍设施，方便他们的出行和活动。

4. 绿化原则

体育公园不仅是运动场所，也是城市的绿化空间。在设计中应充分考虑到绿化植被的配置，通过合理规划和布局，将绿地和植被融入公园的不同区域，为市民提供多样化的休闲空间。体育设施和绿化植被应相互结合。可以在运动场地和活动区域周围设置树木与植被，为市民提供阴凉和休息的地方。在跑步道和健身区域周边种植草坪与花卉，增加景观效果，吸引市民积极参与体育活动。

5. 美学原则

体育公园应具备吸引人的外观和环境。在设计时应考虑公园的美学价值，根据公园的定位和城市的特色，可以选择适合的建筑风格，如现代、传统、欧式等，以打造独特的公园氛围。色彩是体现美感的重要元素，可以在公园中使用丰富多彩的花卉和植物，营造出鲜艳绚丽的景观。公园中的景观元素和设施应有机地融入整体布局，形成统一的空间感和视觉效果。合理设置景观点和观赏区，使人们在公园中能够得到全方位的美学体验。

6. 弹性原则

社会和城市的需求随着时间的推移会发生变化，公园的功能也可能需要做出调整。为了保证体育公园持续发展并适应未来的需求，设计应具备一定的弹性。在规划和设计体育公园时，可以留出一些未来用于增设设施或扩展的空间，这样可以避免重建或大规模改建，节省时间和成本。采用可拆卸和可移动的设施也是增加弹性的有效方法。通过使用可拆卸的设施，可以根据需要快速调整公园的功能和布局，适应不同的季节和活动，例如，可拆卸的帐篷、座椅和场地设施等，可以在需要时搭建或拆除，提供临时的场地和设施。

（三）体育公园的绿化设计与表现

出入口附近的绿化设计应尽可能简洁明朗，为此可以根据场地具体情况配置一些花坛和草地，或者在停车场附近设立砖石铺设的草坪。花坛的色彩设计应偏向活跃且充满动感的颜色，例如，选择橙色花卉配以大红或大绿色调能营造出一种欢快、活泼的氛围。

体育馆的出入口区域应有足够的开放空间以便游客进出，一片宽敞的草坪广场可以有效疏散人流。配合出入口道路的布局，可以采取道路与草坪砖草坪之间的过渡方式。在体育馆周围，种植乔木和花卉灌木可以强调建筑的壮丽气势。

体育场道路两旁的绿化可以通过设置绿篱实现，这样既能达到组织游客路线的目的，又能提供良好的景观。在体育场内部，应布置耐践踏的草地。环绕体育场的区域，可以适量种植落叶乔木和常绿树，夏季可为游客提供乘凉之处。然而，需要注意的是，应避免选择带刺的或可能引发过敏反应的树种。

在体育公园的园林区，绿化设计尤为重要。绿化设计需要满足体育锻炼的需求，同时，对公园环境的美化和微气候的改善有积极作用。因此，选择树种和种植方式应具有特色。例如，应选用观赏性价值高、适应性强的树种。一般而言，以落叶乔木为主，而在北方地区常绿树种较少，南方地区则适当多种植常绿树种。为提升区域的美观效果，还可以种植一些花灌木。

四、城市湿地公园的设计与表现

（一）城市湿地公园的概念

城市湿地公园是一种独特的公园类型，是指纳入城市绿地系统规划的，具有湿地的生态功能和典型特征的，以生态保护、科普教育、自然野趣和休闲游览为主要内容的公园。[①]

① 汪辉，谷康，严军，等. 园林规划设计：第3版[M]. 南京：东南大学出版社，2022：109.

（二）城市湿地公园的功能

1. 保护生态环境

湿地，被誉为“地球的肾”，其在维护生物多样性、保持生态平衡、防止洪涝等方面具有无可比拟的作用。城市湿地公园的设置，旨在保护并复原城市内的湿地生态系统，从而对生态环境的保护产生积极影响。

具体来说，城市湿地公园可以为生物提供栖息地，对维持生物多样性有重要作用。湿地环境丰富多样，无论是水生生物，如鱼类、水草，还是陆生生物，如鸟类、昆虫，甚至是特殊的湿地生物，如稀有的湿地植物，都在此找到了自己的生存空间。在防止洪涝方面，湿地能够在雨季吸收和贮存大量的雨水，从而降低城市内涝的可能性，有助于提升城市的防洪能力。

2. 净化水体

湿地中的植物能通过吸收和沉积过程，消除水中的悬浮物，清洁水质。此外，湿地植物能通过自身的代谢活动，吸收水体中的多种有害物质，如重金属离子，进一步改善水质。湿地植物的根部及其附着的微生物更是活跃的生物反应区，它们可以有效地吸收并分解水体中的有机物质和无机营养盐。湿地公园中的水体通常与城市的排水系统相连，雨水和生活污水在流经湿地时，受到了生物和物理过程的净化。净化后的水体滞留在湿地内，不仅可以补充地下水，还能作为景观水体，创造宜人的环境。

3. 调节城市区域气候

湿地公园中的水体能有效地吸收热量，减缓地表温度的升高。水体蒸发带走热量，使空气湿度提高，对降低周边地区的温度起到了很好的作用。湿地公园的植物通过蒸腾作用消耗热量，降低空气温度，使周边区域的气候得到改善。而且，湿地公园的植物吸收太阳辐射，转化为化学能，减少了大气层对热量的吸收，这也有助于降低城市的温度。

4. 保护和维持城市生物多样性

在城市化进程中，自然生态系统受到较大破坏，许多野生动植物的栖息地遭受丧失，生物多样性面临严重挑战。而城市湿地公园正是在这样的背景下，以其独特的水陆交替性，为多种动植物提供了生存空间，为城市生物多样性的保护搭建起重要的桥梁。

湿地公园是一个复杂的生态系统，有利于生物种群的繁衍生息。在此生活的生物不仅包括各类水生生物，还包括许多陆生生物，如鸟类、昆虫、哺乳动物等。这些生物在湿地中找到了食物来源和安全的栖息地，有的甚至在此进行繁殖，增加了城市的生物多样性。湿地公园中的植被和微生物也构成了丰富的生物资源库。湿地植物如水生植物、湿生植物和陆生植物，形成了特殊的植物群落，吸引了许多野生动物前来觅食和栖息。湿地中的微生物则在物质循环和能量流动中起到关键作用，为维持整个生态系统的稳定和健康发挥着重要作用。

（三）城市湿地公园设计原则

1. 系统保护原则

第一，维护湿地生物种类的丰富性。为湿地生物提供广阔的生活空间，并创建有利于生物多样性增长的环境。对生境的变动要尽可能地小且局限，提升城市湿地生物种类的多样性，同时，避免外来生物入侵和破坏。

第二，保障湿地生态系统的连通性。维持城市湿地与周边环境的无缝连接；确保湿地生物生态走廊的通畅。提供动物庇护所，防止人为设施的大面积覆盖；保证湿地的透水能力，寻求有机物质的良性循环。

第三，维护湿地环境的完整性。保持湿地水域和陆地环境的完整性，避免湿地环境因过度开发而退化；保护湿地生态循环系统和缓冲保护带，避免城市发展过度干扰湿地环境。

第四，保持湿地资源的稳定性。保持湿地水体、生物、矿物等资源的平衡与稳定，避免资源枯竭，确保城市湿地公园的可持续发展。

2. 合理利用原则

（1）合理利用湿地动植物的经济价值和观赏价值；

（2）合理利用湿地提供的水资源、生物资源和矿物资源；

（3）合理利用湿地开展休闲与游览活动；

（4）合理利用湿地开展科研与科普活动。

3. 协调建设原则

（1）城市湿地公园的整体风貌与湿地特征相协调，体现自然野趣；

（2）建筑风格应与城市湿地公园的整体风貌相协调，体现地域特征；

（3）公园建设优先采用有利于保护湿地环境的生态化材料和工艺；

（4）严格限定湿地公园中各类管理服务设施的数量、规模与位置。

（四）城市湿地公园的景观设计与表现

1. 城市湿地公园景观的构成要素

（1）水。水不仅为生态系统赋予了特定的环境条件，使特殊的生物种群得以在此生存和繁衍，还是构建公园景观的主要手段。无论是湖泊、溪流，还是人工设施如喷泉、水幕等，其独特的流动特性和反射效应都能赋予公园以生机和魅力。同时，水体还起着调节环境的作用。通过蒸发和降温，水体能够改善微气候环境，使湿地公园成为夏季避暑、冬季取暖的理想去处。在设计城市湿地公园时，水体的配置和管理应被高度重视，既要考虑到水源的供应和保障，又要防止水质污染，维护水体的清澈和生态健康。因此，水作为湿地公园的核心要素，其重要性不容忽视。

（2）驳岸。作为水体与陆地之间的连接点，驳岸为人们提供了观察和接触水体的空间，赋予湿地公园特殊的景观和功能。驳岸的设计和构造不仅应考虑其对于景观的影响，还需要关注其在生态、防洪和安全等方面的作用。例如，生态驳岸可以模拟自然湖泊或河流的边缘环境，提供生物栖息和繁殖的空间，增强公园的生物多样性；防洪驳岸需要具有足够的高度和稳定性，以防止洪水溢出和侵蚀。

驳岸的设计风格和材料选择也应与公园的总体风格与环境相协调。例如，自然风格的驳岸可以采用土质和石材等自然材料，与环境融为一体；而现代风格的驳岸则可以采用混凝土、钢材等现代材料，展现现代建筑的魅力。

（3）植物。湿地植物根据其生长环境和习性，可以分为水生植物、湿生植物和陆生植物等类型，如芦苇、菖蒲、水葱等。这些植物能有效吸收和分解水体中的有害物质，保持水体清洁，起到净化水体的作用。在湿地公园的景观设计中，植物种类和配置方式的选择应以地方特色与生态适应性为主要依据。通过合理的植物配置，可以使湿地公园四季常绿，花香常在，提供人们亲近自然、体验自然的场所。植物还可以塑造不同的空间感和层次感，通过植物的引导和遮蔽，可以引导游人的视线和行走路径，增强湿地公园的空间趣味性。

（4）通道。通道是导向和连接的基础，既连接了公园内部各功能区域，也与公园外部的城市环境建立了联系。通过合理设计，通道可以为游客提供便捷、愉悦的旅行体验，也可以强化公园的空间层次和动线流动。

通道的类型多样，包括步行道、自行车道、观景道等。它们的布局和设计需要考虑到游客的安全和舒适，以及与湿地环境的和谐相处。例如，通道的表面材料需要防滑，通道的宽度要能适应不同的人流量，通道的布局要尽可能避免破坏湿地的自然状态。步行道是公园中最常见的通道类型，它连接了公园内的主要景点和功能区。步行道的设计应考虑到景观视线、行走舒适性和自然环境的融合等因素。自行车道是另一种常见的通道类型，它提供了一种健康、环保的出行方式，可以增加游客在公园中的活动选择。观景道则主要为游客提供欣赏湿地美景的机会。它们一般设在湖泊、沼泽等特色景观区域，配以休息设施和解说标志，让游客在欣赏风景的同时，了解湿地的生态知识。在设计通道时，还需考虑其在湿地生态保护中的作用，例如，避免破坏湿地生态环境，尽可能减少对湿地生物栖息地的干扰。

（5）动物。湿地公园中的动物主要包括两类：水生动物和陆生动物。水生动物如鱼类、水生昆虫等，它们以水域为主要生活环境，是湿地生态系统的重要组成部分。陆生动物则主要生活在湿地的岸边和陆地上，包括各种鸟类、昆虫、哺乳动物等。

为了保护动物的生存和繁衍，在公园设计中需要提供适合各种动物生活的生境，如鸟类的繁殖地、鱼类的洄游通道、哺乳动物的藏匿地等。公园的管理也需要制定相应的保护措施，如禁止游客捕捉动物、定期检查和治疗动物疾病等。动物在公园的观赏功能上，也应被充分利用。设计者可以在公园中设置观鸟区、生态解说区等，让游客在欣赏动物的同时，了解动物的生活习性和湿地生态知识，增强公众的生态保护意识。

2. 环境容量控制

环境容量是指城市湿地公园能够在不影响其自然特征和演替进程的前提下，允许接纳的游客数量的上限。该数量的确定有助于维护游客的安全和舒适，防止过度拥挤和混乱，也有助于为公园的交通、排水、电力电信、服务供应等设施的规划和建设提供参考。

在预测和计算环境容量时，首先需要根据各景区的特殊资源特征进行个别化的评估，其次将各景区的容量总和，以获取整个湿地公园的总容量。以下渚湖湿地公园为例，它以保护湿地生态为前提，仅进行适度的保护性开发，并通过控制游船的数量、类型和游览时间限制游客量，从而实现湿地保护的目标。

湿地公园的环境容量主要取决于水体生态环境的承载能力。生态环境容量是指在一定时间内，允许的旅游活动量在不引发景区自然生态环境退化的条件下的最大值。其大小由旅游地自然生态环境清洁和吸收污染的能力，以及每位游客在一定时间内产生的污染量共同决定。另外，区域内生物对人类活动的敏感度也是一个影响因素。总的来说，环境容量一般包括水体环境容量、大气环境容量、固体垃圾环境容量及生物环境容量。

五、风景名胜公园的设计与表现

（一）风景名胜公园概述

风景名胜公园，也被部分地区称作“郊野公园”，是城市建设用地内侧重于历史遗迹和自然景观的城市公园绿地。随着城市用地的拓展，邻近郊区的风景区被纳入城市范围，扮演城市公园的角色。需要注意的是，这类公园与远离城市，具有广大景区范围的各级风景名胜区存在区别。

风景名胜公园的主要功能是提供游览和休息空间，也服务于旅游。在公园内，可以进行多种观光游览活动，也可以提供有限的住宿服务。然而，这些服务设施的建设应在尽量保护自然景观和人文景观的前提下进行，如适度的游览道路、休息区、服务设施和公共设施等。

（二）风景名胜公园的设计要点

1. 保护历史遗迹和自然景观

自然和文化遗产是公园的核心价值所在，代表着历史和文化的积淀，也是人们对自然的珍视和敬畏之情。设计者在规划和设计公园时，必须尊重和保护这些元素，避免不必要的干预和破坏。

在保护历史遗迹方面，设计者应该深入了解这些遗迹的历史背景和价值，确保在设计中充分体现其特色和历史意义。可以采用合适的保护措施，如修复、保养和加固等，以保持其原有风貌和历史风采。对于自然景观的保护，设计者应该尊重自然环境的特点，避免过度开发和干扰自然生态系统。可以选择与周围环境相协调的设计手法，保持景观的自然和谐。

2. 设施和服务

公园内应有适当的设施和服务，以满足游客的需求。游客在游览过程中可能会感到疲劳和饥饿，有合适的餐厅或小吃摊位，既可以让游客

在公园内就餐，不必外出寻找食物，也可以增加游客停留的时间。卫生间是非常重要的设施，特别是对于家庭和儿童来说。提供干净、舒适的卫生间，能够满足游客的基本生活需求，提高游客的满意度。公园内的停车场也是必要的，特别是对于自驾游的游客。一个方便、安全的停车场，可以让游客更轻松地进入公园，减少寻找停车位的困扰。所有这些设施应该与周围的环境和景观相协调，融入自然，避免过于突兀。可以选择与自然相符的材料和设计风格，使设施融入自然景观，不破坏公园的整体美感。

3. 游客管理

设计师应该合理规划游客流量，通过设置主要路径、导向标识和景点引导，引导游客有序游览，减少游客拥堵和交通混乱。避免游客随意闯入未开发区域或对生态环境造成破坏，可以设置限制区域和警示标识，让游客明确知晓不能进入的区域。这样不仅保护了自然环境，还保障了游客的安全。游客管理还需要考虑公园的承载能力。公园资源有限，如果游客数量过多，超过公园的容纳能力，就可能导致环境破坏和服务质量下降。设计师可以根据公园的资源状况和游客预期数量设定适当的游客容量限制，以保障游客体验和资源可持续利用。游客管理还可以通过预约制度、门票价格等方式分散游客流量，避免高峰时期过度拥挤。预约制度可以平稳分配游客到不同时间段，合理利用资源，减少游客等待时间，灵活的门票价格策略也可以鼓励游客选择非高峰时期游览，平衡游客流量。游客管理需要与公园服务配套，提供足够的信息、指引和安全措施，确保游客能够得到良好的服务体验。设立信息中心、设置路标、安排巡逻人员等都是有效的管理手段，帮助游客更好地游览公园。

4. 灵活性

随着社会的发展，公园可能需要适应不同的功能需求，比如，举办各类文化活动、展览、演出等。因此，设计师应该考虑到这些可能的用途，并在设计中预留相应的空间和设施。公园的景观和植被配置也应该具备灵活性。随着时间的推移，植物会生长和变化，景观也可能会受到不同季节和气候的影响。设计师应该选择适应性强的植物和景观元素，并考虑到景观的可维护性，确保公园始终保持美观和吸引力。

5. 社区参与

社区居民是公园的主要使用者和受益者，他们对公园的需求和期望是至关重要的。设计师应该主动与社区居民进行沟通，了解他们对公园的期望和需求。可以通过举办公开听证会、社区座谈会、问卷调查等方式，征求社区居民的意见。这些反馈将有助于设计师更好地理解社区居民的需求，为公园的设计提供指导。尊重社区居民的意见和建议，将其纳入设计中，这意味着在设计过程中，可能需要做出一些调整和妥协，以确保公园能够真正满足社区居民的需求。通过与社区居民合作，设计师可以了解公园的实际使用情况和需求，从而优化公园的管理和运营策略。社区居民参与公园的管理和维护，有助于减少资源浪费和环境污染的情况发生，使公园能够长期受益于社区。公园的设计不是一次性的工作，而是一个持续的过程。设计师应该与社区居民保持密切联系，随时了解公园的使用情况和反馈意见，及时做出调整和改进，以确保公园能够持续地满足社区的需求和期望。

第八章　城市道路景观设计与表现

第一节　城市道路的基本知识

一、城市道路的分类

按照城市的骨架，大城市将道路分为四级（快速路、主干路、次干路和支路）、中等城市分为三级（主干路、次干路和支路）、小城市分为两级（干路和支路）。各级道路的宽度如表 8-1 所示。[①]

表8-1　各级道路的宽度

<table>
<tr><th colspan="2">城市人口 / 万人</th><th>快速路 /m</th><th>主干路 /m</th><th>次干路 /m</th><th>支路 /m</th></tr>
<tr><td rowspan="2">大城市</td><td>>200</td><td>40 ～ 45</td><td>45 ～ 55</td><td>40 ～ 50</td><td>15 ～ 30</td></tr>
<tr><td>≤ 200</td><td>35 ～ 40</td><td>40 ～ 50</td><td>30 ～ 45</td><td>15 ～ 20</td></tr>
<tr><td colspan="2">中等城市</td><td>—</td><td>35 ～ 45</td><td>30 ～ 40</td><td>15 ～ 20</td></tr>
<tr><td rowspan="3">小城市</td><td>>5</td><td>—</td><td>—</td><td>（干路）
25 ～ 35</td><td>12 ～ 15</td></tr>
<tr><td>1–5</td><td>—</td><td>—</td><td>25 ～ 35</td><td>12 ～ 15</td></tr>
<tr><td><1</td><td>—</td><td>—</td><td>25 ～ 30</td><td>12 ～ 15</td></tr>
</table>

① 宋建成，吴银玲 . 园林景观设计 [M]. 天津：天津科学技术出版社，2019：193.

（一）快速路

快速路的核心目标是降低拥堵，增加道路运输能力，并且减少出行时间。快速路常常设有限制或禁止行人、非机动车和农用车辆通行的规定，其主要用途是为机动车辆提供快速、安全、连续的行驶通道。这是由于快速路上的交通流量通常较大，行车速度也较高，限制行人和非机动车的通行有助于保持车辆的高速行驶，并防止可能发生的交通事故。快速路的设计通常具有多车道，可以有效地缓解高峰时期的交通压力。为了维持车辆的连续行驶，快速路一般不设置交叉口，取而代之的是立交桥或隧道，通过匝道实现各方向的行车转换。

快速路对城市交通起着决定性作用，它改变了城市交通的模式，使人们能够更快速、更便捷地到达目的地。同时，它也是城市经济发展的重要基础设施，为城市的货物运输、通勤交通、旅游等提供了便利。

（二）主干路

城市主干路作为交通网络中的骨干，承载了各功能分区间的重要交通量，与快速路一同分担主要的客货运输任务。因此，交通运输成为主干路的核心职能。主干路应该串联起城市的主要分区，以其交通职能为主导。应避免在主干路两侧设置会吸引大量车流和人流的公共设施的入口。

为保障车辆的畅通行驶，主干路的设计需要保证一定的行驶速度，车道宽度应依据交通量的大小进行设定。其线形应流畅，交叉口尽可能减少，以降低交通干扰；当交通量超出平面交叉口通行能力时，可考虑采用立体交叉的方式。主干路上的机动车道和非机动车道应通过隔离带进行分离，大交通量的主干路也应分离快速机动车和速度较慢的车辆，如卡车、公共汽车等。同时，主干路两侧应设有适当宽度的人行道，严格控制行人横穿主干路的情况。

（三）次干路

次干路作为城市各区的地方性干道，可以在沿线布置大量住宅、公共设施和公共枢纽等服务设施。因此，次干路兼具一般交通道路和服务功能，与主干路配合形成完整的干道网。在次干路上，快慢车混行是常态，同时，也是公交线路的主要部署道路。当条件允许时，也可以设立非机动车道。人行道和公共设施应设在次干路两侧，并可设立机动车和非机动车停车场、公共交通站点和出租车服务站。次干路作为连接居住区和其他区域的联系线，既为区域内部交通服务，又起到集散交通的作用，两侧可以设有人行道，也可以有商业性建筑。

（四）支路

支路主要负责连接城市的小区域或住宅小区，提供从居民住宅到主干道或次干道的通行。支路的主要功能是为周边居民提供便捷的出行通道，且需要考虑行人和非机动车的通行需求。

由于其服务的主要是住宅区或者小型商业区，支路的交通流量相对较小，行车速度也不需要太高。因此，支路的设计通常更加注重安全性和人性化，其道路宽度、车道设置和交通标志的设计也会因此有所不同。在支路的设计中，应该明确区分机动车道、非机动车道和人行道，并确保它们之间有清晰的分界线。例如，可以使用隔离带或者色彩鲜明的路面标志标记非机动车道和人行道。另外，对于那些有学校或者幼儿园等公共设施的支路，还需要设置相应的交通信号和标志，以提醒驾驶员注意行人安全。由于支路直接服务于居民，其沿线经常会有大量的出入口和停车需求。支路的设计还需要考虑如何满足这些需求，例如，可以设置一些临时停车区，或者在道路两侧设置足够宽的硬化路肩，用于停放车辆。

二、城市道路的功能

本书将城市道路的功能归纳为以下几点，如图 8-1 所示。

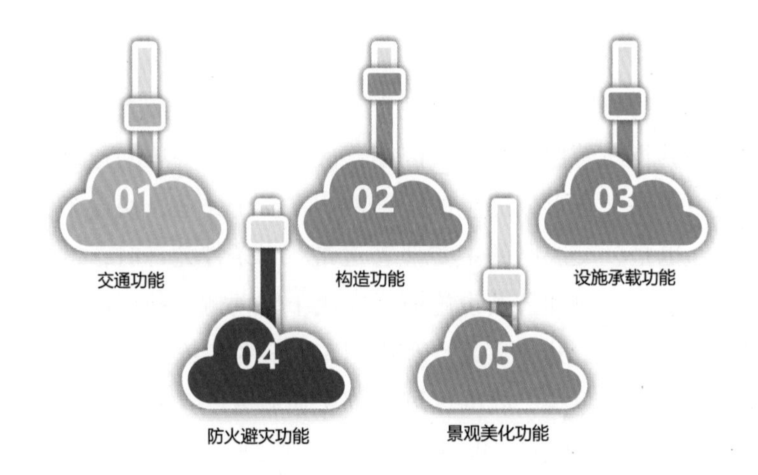

图 8-1　城市道路的功能

（一）交通功能

城市道路的交通功能对城市的发展起着决定性的作用。它既是城市各部分相互联系的通道，又是行人和车辆活动的主要场所。在城市化进程逐渐加快的背景下，城市交通的负荷也在日益加重，交通需求也在不断多元化，促使城市道路的交通功能也随之不断更新与发展。

（二）构造功能

城市道路的构造功能，是指道路在城市空间组织和形象塑造中的作用。这一功能主要体现在道路规划设计和建设过程中，对城市景观、空间布局、环境质量、市民生活质量等方面的影响。道路的布局直接决定了城市的结构形态，如网状、放射状、环状等城市形态，都是由道路的配置决定的。道路的规模、密度、方向和连通性，也影响着城市的空间可达性和功能布局，进而影响城市的生活节奏和市民的生活方式。道路的设计和建设，包括道路线形、宽度、边缘处理、路面材料、绿化景观、公共设施等元素，都是塑造城市形象和特色的重要手段，合理的道路设计，可以提升城市的美学质量，提供良好的视觉体验和心理感受。良好

的道路设计和建设，可以有效减少交通噪声和尾气污染，改善城市空气质量。设置适当的绿化带和雨水收集设施，可以改善城市的微气候，增强城市的生态环境。道路设计应充分考虑市民的出行需求和生活习惯，提供舒适、安全、便利的行走和骑行环境。

（三）设施承载功能

交通设施是城市道路最基本的承载设施，车道、人行道、自行车道等都是道路交通设施的重要组成部分，它们满足市民的出行需求，保证了城市的交通流动性。交通信号灯、标志牌、路灯等设施则有助于提高交通的安全性和效率。城市道路承载着大量的公共设施，如公交站、出租车停靠点、自行车共享站点等，它们为人们提供了便捷的公共出行服务。另外，座椅、垃圾箱、公共厕所等公共服务设施也常常布置在道路边，为市民提供休憩、清洁等生活服务。城市公用设施也常常借助道路网络进行布置，电线、管线、井盖等设施，都是城市的生命线，为城市的运行提供了必要的能源和信息支持。道路作为这些设施的承载体，起着至关重要的作用。城市道路的设施承载功能体现在多个方面，为城市的正常运行和市民的生活提供了必要的支持。

（四）防火避灾功能

城市道路是防火救援的主要通道，在火灾发生时，消防车辆需要快速、顺畅地到达火灾现场，进行灭火和救援。因此，城市道路必须保持畅通无阻，能够快速反应，支持高效的救援行动。城市道路也是疏散人群的主要途径。在火灾或其他灾害发生时，人们需要通过道路迅速疏散到安全地带。因此，道路应具备足够的宽度和合理的设计，以便在紧急情况下，能够迅速、有序地进行人群疏散。此外，城市道路还能承载灾后的重建和救援工作，灾后的清理、修复、重建工作需要大量的人力和物资投入，这些人员和物资的运输都离不开道路的支持。

（五）景观美化功能

植被的引入提供了生态和视觉的双重益处。通过种植树木、灌木和花卉，道路两旁形成了绿化带，为行人提供了阴凉和舒适的步行环境。独特的道路设计和材料选择可以强化道路的视觉吸引力。通过使用各种饰面材料，如鹅卵石、彩色混凝土等，能够赋予道路特色和个性，从而增加其吸引力。公共艺术作品和雕塑的设置为道路增添文化与历史的元素。这些作品不仅为道路提供了视觉焦点，也增强了与当地文化和历史的联系。此外，合理的照明设计不仅确保了夜间的安全，还为城市夜景增添了魅力。通过使用不同颜色、亮度和形状的灯具，打造梦幻般的夜晚街景。

第二节　城市道路绿化

一、城市道路绿化概述

城市道路绿化作为城市生态建设的重要一环，主要通过在城市的交通干道、广场、停车场等处进行植树和种花等绿化活动，赋予城市道路生命力和活力。这种绿化带具有诸多益处，包括提供阴凉、减少空气中的尘埃、降低噪声、优化道路环境质量，并且起到了美化城市的效果。

城市道路绿化的形式多样，既包括行道树绿化带、分隔带、路边绿化带、中心绿地，又涵盖指引岛绿地、立交桥下的绿地、广场、停车场的绿化区域、防护绿带以及基本的绿化带。另外，还有街角的休闲绿地，以及高速公路、沿河道路、公园景观道路和花园林荫道路等不同类型的绿化道路。

面对城市交通带来的环境压力，特别是随着机动车数量的增长，交通污染问题日益凸显，道路绿化的重要性也日益显现。对城市道路进行

有效绿化，不仅可以提高城市道路的环境质量，还可以提升城市形象，因此，这是目前城市建设中亟待解决的问题。

（一）城市道路绿带

城市道路绿带通常位于城市道路两旁，或者分隔车道的中心。绿带主要由树木、草坪和其他景观植物构成，其主要功能是美化城市环境，提供宜人的视觉感受，缓解道路交通的压力，并帮助减轻城市环境压力。

城市道路绿带对于提升城市形象有着至关重要的作用。通过良好的设计和规划，绿带能够显著提升城市道路的景观效果，使道路不再仅仅是交通的工具，而是成为城市的一道亮丽风景线。优秀的绿带设计既可以显著改善道路的景观质量，又能为行人和骑车人提供宜人的休息空间。城市道路绿带还可以为野生动物提供栖息地，增加城市的生物多样性，在人口密集的城市环境中，道路绿带成为连接城市各绿地的生态走廊，有助于野生动物的生存和繁衍。

（二）交通岛绿地

交通岛绿地通常位于城市交通岛或者分隔岛上。交通岛绿地的主要组成部分包括树木、花草、雕塑艺术等，其核心功能是提升道路美观，丰富城市景观，以及引导和安全地分流车辆。

交通岛绿地作为城市空间的一个重要元素，可以大幅提升城市的视觉效果。通过精心设计的绿地，既可以提升城市环境的美感，又能够为市民和游客提供视觉上的享受，这种类型的绿化美化了交通岛，提升了城市品质和形象。交通岛绿地在交通功能上也起着至关重要的作用，首先，绿化的交通岛可以起到视觉引导的作用，有助于司机判断道路状况，提高行车安全性。其次，这些绿化区域在一定程度上可以减缓车辆的速度，使行车更为安全。

（三）广场、停车场绿地

广场绿地是公众活动的主要场所之一，是城市的重要公共空间。通过科学的规划和设计，广场绿地能够提供一个宜人的休憩环境，提高市民的生活品质。广场绿地也能够丰富城市景观，增加城市的文化内涵和活力。在广场绿地的规划设计过程中，除了要注重绿化种植的选择之外，还需要注意公共设施如座椅、垃圾桶等设置，以满足市民的需求。

停车场绿地主要指停车场周围或内部的绿化带。虽然停车场是城市交通设施的一部分，但如果能够将绿地合理地引入停车场设计中，不仅能美化环境，降低水泥和沥青对环境的负面影响，还能改善空气质量，降低噪声，提供阴凉，从而提升停车场的环境品质。

（四）园林景观路

从景观美化的角度来看，园林景观路是通过路边的植被种植、景观小品和艺术装置等元素，构建出具有吸引力和艺术美感的城市景观。季节性的花卉更替和植被的节律变化，可以使道路在不同的季节中展现出不同的景象，使道路具有生动的气息和活力。园林景观路通过植被的设置，可以在一定程度上改善道路的微气候环境，如降低空气温度、减少噪声、吸收空气中的有害物质等，这对于提升市民的出行体验和生活品质具有重要意义。园林景观路也可以作为社区的活动场所，通过设置座椅、健身器材、儿童游乐设施等元素，满足市民的休闲、娱乐、健身等需求。

（五）开放式街头绿地

开放式街头绿地，即直接位于街道两旁或者分隔岛等开放区域中的公共绿地，是城市公共空间的重要组成部分。作为城市街道的重要组成部分，街头绿地为城市提供了大量的绿色空间，增强了城市的生态功能，如吸收二氧化碳、减轻噪声污染、降低空气温度等。这些功能对于改善城市的微气候环境，增强城市环境的舒适度，提升城市生活品质有着重

要的影响。开放式街头绿地是城市中的休闲空间，人们在这类绿地中可以进行各种休闲活动，如散步、阅读、聊天、健身等。这类绿地既为市民提供了接近自然、放松心情的空间，也为社区居民提供了互动交流的场所，有助于增强社区的凝聚力。开放式街头绿地也具有一定的生态教育功能。公众可以在其中接触到各种植物，了解其生长习性，提升对生态环境的认识和保护意识。

（六）街头装饰绿地

街头装饰绿地是城市街道的一种特殊形式的公共绿地，往往位于街道的关键地段或重要节点，如交叉口、街角、广场周围等。它们常常被设计成具有艺术性和装饰性的特点，比如，通过雕塑、喷泉、艺术照明等元素，结合各类植物配置，塑造出别具一格的景观特色。这样的绿地成为城市的亮点，增强了城市的魅力和个性。虽然街头装饰绿地往往面积不大，但其设计的巧妙性和创新性，使这些绿地也成为市民临时休息和放松的空间。市民可以在这些装饰性绿地中稍做休息，欣赏美景，享受宁静的片刻。街头装饰绿地在提升城市文化品位方面也有其不可替代的价值。它们往往与城市的历史文化、地方特色、节庆活动等紧密结合，成为城市的文化标志，展现城市的精神风貌。

二、城市道路绿化的地位与功能

城市道路绿化连接了城市内部和外部的公共绿地、住宅区的绿地，以及专用绿地等，形成了一个连贯的绿色网络系统。近几年，我国各城市都在增强其园林绿化的效果，争夺园林绿化先进城市的称号，各级园林部门都把创建“国家园林城市”作为其主要工作目标。其中，道路绿化作为城市的“面子”工程，其重要性不言而喻。道路绿化不仅可以美化街道，还可以净化空气、降低噪声、清除尘埃、改善微气候、防风防火、保护道路、组织交通、维护交通等。同时，城市道路绿化也带来了一定的经济效益和社会效益。以下是它的主要功能。

（一）环境保护功能

1. 净化空气

植物通过光合作用吸收二氧化碳，并释放氧气，这有助于减少城市大气中的二氧化碳含量，增加城市环境的氧气含量，改善城市的空气质量。植物还能吸收并降解空气中的一些有害物质，如硫氧化物、氮氧化物、一氧化碳等，这些都是工业生产和车辆尾气排放中的主要污染物，通过植物的吸收和降解，可以有效减少这些有害物质在空气中的含量。植物的叶片表面还可以吸附空气中的悬浮颗粒物，通过雨水的冲刷或者自然落叶的方式，将这些悬浮颗粒物从空气中清除，从而降低大气中悬浮颗粒物的含量，改善大气的能见度。

2. 减弱噪声

植物本身能够直接吸收和散射噪声，特别是乔木和灌木等大型植物，其茂密的叶片和枝干对噪声有较好的吸收与散射效果，可以减小噪声在环境中的传播强度。植物的生长形态和结构则可以改变声音的传播路径，使其产生反射和折射，改变声音的传播方向，减小噪声在特定区域内的传播强度。道路绿化还能起到心理舒缓的作用，绿色植物给人以宁静和舒适的感觉，可以使人在心理上感受到噪声的降低，有助于缓解城市噪声带来的心理压力。

3. 调节改善道路小气候

植被可以有效减少阳光对地面的直接照射，降低地面温度。茂密的树冠覆盖可以阻挡一部分太阳辐射，减少地面和路面的热量吸收，防止“热岛效应”的产生。植物通过蒸腾作用向空气中释放水分，增加空气湿度。这种湿润的微环境有助于降低高温对人体的不适感，为行人提供更舒适的路边环境。绿地还可以改变风速和风向，乔木和灌木能改变空气流动的路径，减缓风速，避免强风导致的路面尘土等颗粒物的飞扬。

（二）安全功能

1. 抵御自然灾害

绿化可以降低强风带来的危害，当大风吹过城市时，乔木和灌木的存在可以有效地分散风力，减轻风对建筑物和行人的影响。绿化带的阻风作用还可以防止风沙、尘土等对城市环境和人们生活的破坏。绿化带能够稳定土壤，防止土壤侵蚀和滑坡，乔木和灌木的根系进入土壤，形成稳定的根系网，有助于固定土壤，抵抗雨水冲刷，降低滑坡风险。绿化带在防止洪水侵袭方面也有一定的效果。在暴雨天气时，绿化带能吸收大量雨水，减少径流量，减轻下游洪水压力，从而降低洪水对城市的破坏。

2. 分隔空间，集中视线

在空间分隔方面，城市道路绿化能有效地划分不同功能的区域。例如，它可以分隔车行道和人行道，保障行人和车辆的安全。同样，通过设计合理的绿化，可以明确区分不同的商业区域、居住区和公共服务区，使城市功能布局更加清晰、有序。这种绿化带的空间分隔功能，不仅增强了城市空间的阅读性，还提高了城市的居住舒适度和使用便利性。

在视线引导方面，道路绿化通过形状、色彩、纹理和排列方式的差异，可以引导人们的视线和行走方向。例如，通过绿化带的长短、宽窄、高低、颜色深浅的变化，可以创造出丰富的视觉效果，使人们在行走中能够自然地感知到路的转向、交叉、起伏等变化，从而引导人们的行走方向。绿化带还可以将人们的视线引向重要的建筑、景点或路标，帮助人们快速理解和记忆城市空间结构。

（三）景观功能

作为城市的“面孔”，道路绿化直接影响到城市的形象和美感，对于来访者来说，整洁美观的道路绿化往往是他们对一个城市的第一印象。良好的绿化设计不仅能为市民和游客提供舒适的视觉体验，还有利于提升城市的形象和吸引力。通过不同种类、色彩、形态的植物搭配，以及硬质装饰物的使用，可以打造出季节性、节日性、地方性、文化性等各种主题的景观，增强城市的个性和特色，同时，满足人们多样化的审美需求。

（四）经济功能

城市道路绿化不仅可以提升城市整体形象，吸引旅游者，增加旅游收入，还会对商业活动产生积极影响。拥有优秀道路绿化的区域，能够提升周围房地产的价值，提高租赁和购买率，带动房地产市场的发展。同时，绿化能够有效减少城市热岛效应，降低夏季空调的使用频率，冬季保持温度，以节省能源。这是因为在夏季，植被能够吸收阳光，减少地表反射，降低城市温度；在冬季，植被能够阻止热量散失，起到保暖的作用。此外，城市道路绿化工程的实施和维护也可为社会提供大量就业机会，从规划设计、施工建设，到后期的管理维护，都需要大量的人力，从而促进就业，有助于实现社会稳定。

三、城市道路绿化的类型

（一）景观栽植

1. 密林式

这种方法以大面积种植为主，植被覆盖率高，形成林地景观的特色。密林式栽植的优点在于，它能有效地改善城市环境。这种栽植方式能够有效吸收空气中的二氧化碳，释放氧气，改善城市的空气质量。密林式栽植还有显著的视觉效果，大面积的植物覆盖，给人以壮丽的景色，能够大幅提升道路的美观程度，提升城市的形象，让城市更加生机勃勃。然而，密林式栽植也有其局限性。这种绿化方式对水源的需求较大，需要大量的水分维持植被的生长，这对于一些水源稀缺的城市来说，可能是一项挑战。大面积的绿地也需要定期进行病虫害防治和修剪，管理工作量较大。

2. 自然式

对于城市道路绿地的设计，自然式栽植是一种有效且富有吸引力的策略。这种布局在道路旁边的绿地上放置自然树丛，以形成丰富多样的景观。具有各种不同的植物种类，这些树木在高度、密度、形状和色彩上的差异，为城市道路带来了活力和生机。

自然式栽植特别适用于路边的休息区和公园，这样的设计不仅与周围的地形和环境条件相协调，还增强了道路空间的变化，使城市道路呈现出一种自然和谐的美感。然而，这种种植方式在夏季的遮阳效果上可能略逊于行道树的规整栽植方式。在进行自然式栽植时，需要注意一些重要的设计原则，例如，在路口或者转弯处的一定区域内，应该减少或者避免种植灌木，以确保驾驶者的视线不受阻碍；在分隔带内进行自然式种植，需要保证一定的宽度，一般最小需求为 6 米；需要考虑地下管线的位置，避免在栽植过程中对其产生干扰。

3. 花园式

这种方式注重通过色彩斑斓的花卉和各种灌木组合，打造出如同城市中一片花园般的美景。其中，遵循的原则是搭配、对比和变化，使城市道路两旁具有如画的视觉感受。

在选择植物方面，应考虑到不同植物的开花季节、颜色以及植物形态的匹配，以达到一年四季的色彩变化。一些短期内能迅速生长的植物可以快速填充空地，提供即时的视觉效果。在花园式栽植中，选择适合当地气候和土壤条件的耐久性与长寿的植物，既可以减少维护工作，又能确保景观的持久美观。在布局方面，可以根据道路的特点和周边环境规划设计，如可以在道路拐角或特定区域设置花坛，作为视觉的焦点。也可以运用高低错落的设计手法，通过搭配不同高度和形态的植物，创造出层次感强烈的视觉效果。在照料和维护方面，花园式栽植方式需要比其他方式更加仔细和周全的护理。这包括定期地修剪、施肥、疏枝和浇水等，保持植物的生长状态和花园的整洁。

4. 田园式

田园式栽植在城市道路设计中，是一种模仿田园风光，展现乡村自然美的绿化方式。这种栽植方式的特点是悠然自在，充满乡村风情，赋予城市道路独特的自然和宁静的气氛。

在植物的选择上，田园式栽植通常选择能够代表乡村特色的植物，例如，灌木、草本植物、水果树或者小麦等农作物。各种植物的选择和搭配都旨在模仿乡村景观，将那种田园的舒适和宁静带入城市道路。这种方式的成功关键在于将自然和人工相结合，形成和谐的田园风光。在布局设计上，田园式栽植多采用较为随意和自然的布局方式，比如，道路两侧可以设计成果园、谷物田或花卉田，不仅可以增强视觉效果，还能增加空间层次感。还可以在道路一侧或中央设置有特色的乡村元素，如篱笆、小木桥、亭子等，进一步营造乡村氛围。在照料和维护方面，田园式栽植比花园式栽植要来得简单一些。虽然需要定期修剪和灌溉，但大多数植物都能够适应各种环境条件，并且可以较好地抵御病虫害。

5. 滨河式

沿河道路一侧紧邻水域，开放的空间和宜人的环境构成了市民休闲娱乐的理想场所。在水域宽度较小且对岸风景缺乏时，滨水绿地的布局可以相对简洁，行道树按行种植，河岸部分设置护栏，树木间配备座椅供游客休息。如果水面宽敞，且沿岸和对岸风景秀美，那么应沿水边规划较大的绿地区域，配置步行道、草地、花园和座椅等公园设施。步行道应尽可能接近水域，或者规划小广场和临水平台，以满足游客亲水和观景的需求。

6. 简易式

简易式的绿地布局，就是在道路两侧种植一排或多排乔木或灌木，形成“一条路，两行树”的景观，这是道路绿地中最简约又最原始的形式。这种布局方式易于实施，需要的绿化物种相对较少，但同样能达到美化环境、改善微气候的效果。

（二）功能栽植

1. 遮蔽式栽植

遮蔽式栽植是一种独特的城市道路绿化栽植方式，旨在通过绿色植被有效地遮挡某些视觉元素，优化整体视觉体验。例如，如果路边存在某处特别引人注目的景观，或者出于某种原因需要引导行人和车辆驾驶员的视线，遮蔽式栽植便可以发挥其功效。同样，如果城市中存在一些不具有审美价值，或者会干扰视觉和交通安全的元素，如挡土墙、垃圾堆放区、噪声源等，那么遮蔽式栽植也能有效地减少这些元素的影响。

遮蔽式栽植多采用高大的乔木、多层次的灌木，或者生长迅速，覆盖能力强的攀缘植物。这些植物可以创建出连续或断续的绿色屏障，有力地遮挡不希望被看到的景象，或者引导视线转向其他景观元素。这种方式既能提升城市道路的景观质量，又能在一定程度上提升行人和车辆驾驶员的舒适度和安全感。

2. 遮阴式栽植

遮阴式栽植在众多的城市道路绿化方式中扮演着重要的角色，尤其在炎热的夏季，它为行人和车辆提供了舒适的遮阴空间，有效地降低了道路表面和周围空气的温度。这种栽植方式的优点远远超过了简单的遮阴，对于改善城市气候，提升城市环境质量，甚至对于节能减排都有着重大的贡献。

遮阴式栽植通常选用生长繁茂、冠幅宽广的乔木种类。这些树木在夏季叶茂枝繁，能有效地阻挡阳光，降低道路和周围空气的温度。在城市道路两侧或者中间设置的遮阴树，能为行人提供一道绿色的屏障，使他们在行走中避免了直射的阳光。这种遮阴效应也能减少地面对建筑物的热量反射，降低周围建筑的空调负荷，有助于节能减排。遮阴式栽植还使道路环境有所改善。在雨天，树冠能减轻雨水对地面的冲击，减少地面侵蚀。在风大的日子，树冠能作为风的障碍，减小风对行人和车辆的影响。在炎热的夏季，遮阴树的蒸腾作用还能提高空气的湿度、降低温度，使城市道路环境更为舒适。

3. 装饰栽植

装饰栽植作为一种特殊的城市道路绿化手法，以其独特的视觉效果和空间效益，显著提升了城市环境的艺术审美水平。它是用植物来装饰和美化道路、建筑和公共空间的，通过巧妙地利用植物的形状、色彩和纹理，营造出丰富而有趣的景观效果。

装饰栽植一般采用多种类型的植物，包括色彩鲜艳的花卉、独特形态的灌木和多样化的草本植物。这些植物的种类、色彩、形态和布局设计，都需要优秀的审美理解和艺术创造力。它们各自的特性和搭配关系，对于整个装饰效果都有着重大影响。装饰栽植还具有对空间的划定功能，可以作为行人和车辆流动的界线，也可以作为公共空间和私人空间的分隔区，同时，还具有一定的遮挡和防尘作用。

4. 地被栽植

地被植物通常是生长速度快、覆盖力强的植物种类，包括各种草本植物、苔藓植物，甚至一些生长矮小、分枝能力强的灌木植物。通过地被栽植，地被植物的根系可以牢固地抓握住土壤，减少雨水冲刷和风力侵蚀对土壤的影响，防止土壤流失，特别是在陡坡地面更为明显。在北方，地被植物还可以起到防止地面冻裂的作用。从景观效果来看，地被栽植可以带来丰富的视觉效果。无论是常绿的地被植物，还是季节性的花卉，都能提供持久的绿色和丰富的色彩，使道路环境更为生动、鲜艳。而且，地被植物的反光性较弱，不会产生眩目的光反射，更符合车辆驾驶者的视觉要求。

四、城市道路绿化的形式

城市道路绿化断面布置形式是规划设计所用的主要模式，根据绿带与车行道的关系，常用的有一板二带式、二板三带式、三板四带式、四板五带式、六板七带式及其他形式，如表 8–2 所示。

表8-2　城市道路绿化的形式

形式	设计要求
一板二带式	即一条车行道，两条绿化带。这是道路绿化中最常用的一种绿化形式。中间是车行道，在车行道两侧为绿化带。两侧的绿化带中以种植高大的行道树为主。这种形式的优点是简单整齐，用地经济，管理方便。但当车行道过宽时，行道树的遮阴效果较差，景观相对单调。对车行道没有进行分隔；上、下行车辆，机动车辆和非机动车辆混合行驶时，不利于组织交通。在车流量不大的街道，特别是小城镇的街道绿化多采用此种形式，如图 8-2 所示
二板三带式	即分成单向行驶的两条车行道和两条绿化带，中间用一条分车绿带将上行车道和下行车道进行分隔。这种形式适于较宽道路，绿带数量较大，生态效益较显著，多用于高速公路和入城道路。此种形式对城市面貌有较好的景观效果，同时，车辆分为上、下行驶，减少了行车事故发生。但由于不同车辆同时混合行驶，还不能完全解决互相干扰的矛盾，如图 8-3 所示
三板四带式	即利用两条分车绿带把车行道分成 3 块，中间为机动车道，两侧为非机动车道，连同车行道两侧的绿化带共为 4 条绿带。此种形式占地面积大，却是城市道路绿化较理想的形式，其绿化量大，夏季庇荫效果好，组织交通方便，安全可靠，解决了各种车辆混合行驶互相干扰的矛盾，尤其在非机动车辆多的情况下更为适宜。此种形式有减弱城市噪声和防尘的作用。此种形式多用于机动车、非机动车人流量较大的城市干道，如图 8-4 所示
四板五带式	即利用中央分车绿化带把车行道分为上行和下行车道，然后把上、下行车道又分为上、下行快车道和上、下行慢车道，3 条分车绿带将车道分为 4 条，而加上车行两侧的绿化带共有 5 条绿带，使机动车与非机动车均形成上行、下行各行其道。互不干扰，保证了行车速度和交通安全。但用地面积较大，若城市交通较繁忙，而用地又比较紧张时，则可用栏杆分隔，以便节约用地，如图 8-5 所示
六板七带式	即利用中央分车带分隔上行车道车道和下行车道，然后把上、下行车道分别用绿化带分隔为快车道和慢车道，又在上、下行慢车道旁用绿化带分隔出公共汽车专用道，连同车行道两侧的绿化带共为 7 条绿带。此种形式占地面积最大，但城市景观效果最佳。对改善城市环境有明显作用，同时对组织城市交通最为理想。此种形式只适合于新建城市用地条件允许情况下的道路绿化
其他形式	即按城市道路所处位置环境条件特点，因地制宜地设置绿化带，如山坡道、水道的绿化设计

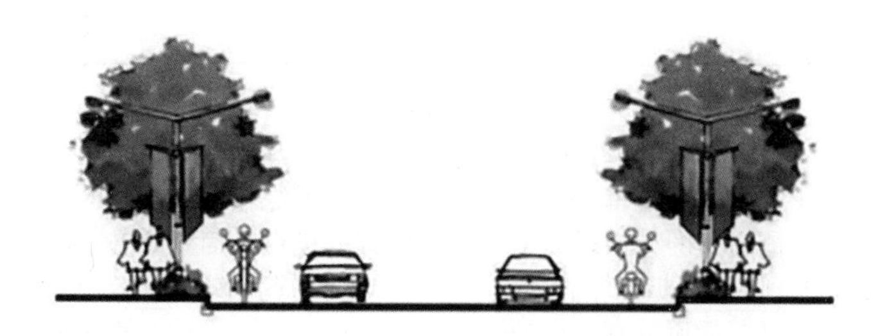

图 8-2　一板二带式道路绿化断面

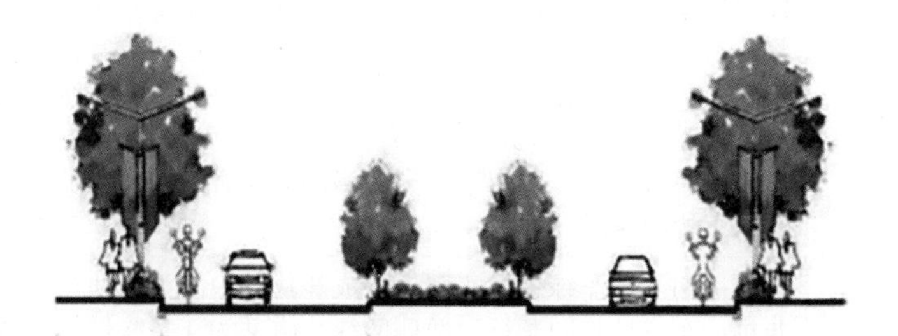

图 8-3　二板三带式道路绿化断面

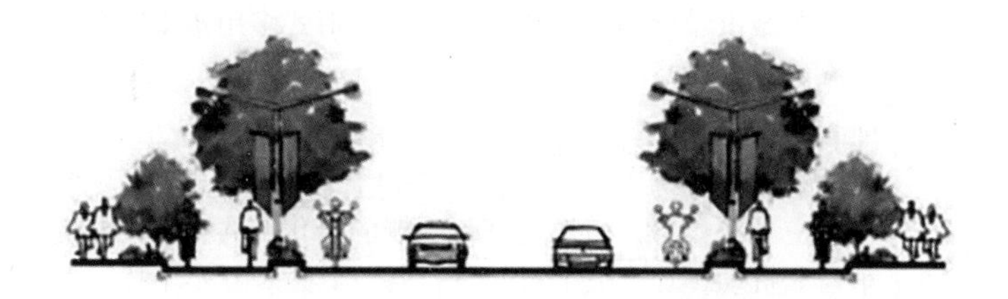

图 8-4　三板四带式道路绿化断面

图 8-5　四板五带式道路绿化断面

第三节　城市道路景观设计与表现

一、城市道路景观设计原则

城市道路景观设计应当遵循五个基本原则，如图 8-6 所示。

图 8-6　城市道路景观设计基本原则

（一）功能性原则

城市道路的功能主要分为两个方面：基础功能和附加功能。基础功能主要是为市民提供一种可行走的路径，确保交通的流畅、便捷和安全。而附加功能则包括各种对市民生活质量有直接或间接影响的因素，包括但不限于指示标识、照明、安全设施及交通设施等。此外，还包括道路下方的基础设施网络，如供水和供电管线。对于特定的街道区域，还需要提供特定的功能配套，例如，在商业区，可能会需要配备具有照明和商业广告功能的设备；在办公区，可能会需要提供足够的非机动车停车设施和自行车租赁设施；在政府区，可能会需要提供信息公告设施等。通过满足这些基础和附加功能的需求，城市街道能够呈现出多样化的风貌，并体现出对市民生活的深度关怀。

（二）人性化原则

人性化原则主张以人的行为和心理需求为城市道路设计的出发点与归宿。这意味着满足人们的基本行动需求——如流畅的交通、有效的安全保护和信息获取等。同时，它也应满足人们对美的追求，通过对街道景观风格、颜色搭配、构成元素比例关系、街道个性以及艺术装饰的精心设计，提升街道的审美质量。此外，设计者还应该理解并尊重市民对街道景观的心理需求，与城市特定地段和人们的心理状态相结合，创造出适度放松、自由舒适、和谐共处的环境氛围。

（三）整体性原则

整体性原则强调城市道路景观设计需要从整体系统的角度对各种要素进行控制和考虑，不能孤立地对待城市道路与城市其他要素之间的关系。同时，需要对城市道路内部的各组成要素进行全面的统筹和考虑。城市道路在城市环境中扮演着关键的连接和协调的角色，联系和组织了城市各种功能要素。因此，设计城市道路景观时，需要考虑道路与建筑、道路与道路、道路与广场等之间的关系，以实现城市总体环境的整体性和统一性。同时，由于城市道路本身就是一个复杂的系统，设计者需要考虑道路的层次、宽度、人车分流方式、基础设施（如路灯、垃圾箱、公车站台、防护设施等）和艺术装饰设施（如花卉植被、城市雕塑等），以及无障碍设计、导视系统设计、消防系统设计等多方面的内容。因此，设计者首先需要对城市道路的各方面进行详细的整理和分析，其次进行整合和统一，以形成一个科学合理、功能和形式兼备的城市道路景观系统。

（四）个性化原则

个性化原则认为，每条城市道路都是独特的，都拥有其独有的历史、文化、功能和定位。因此，设计应当反映出这些特性，使其在整个城市景观中形成独特的存在感。从历史和文化的角度来看，道路设计应该借

鉴和体现出所在地的历史元素和文化特征。这可以通过设计元素的选择，如路面材料、街道家具、雕塑艺术等方式进行体现。从功能和定位的角度来看，道路设计应当充分考虑所在区域的功能定位，如商业区的道路可能需要更多的行人空间和商业氛围的营造，而居民区的道路则需要更多的绿化和休闲空间。

个性化原则还强调了在保持城市整体风格和统一感的同时，体现出每条道路的特色和魅力。这意味着设计者需要通过精心的设计和布局，使每条道路都成为一个有吸引力的空间，使人们在其中既能感受到城市的整体氛围，又能体验到该道路的独特性。例如，设计者可以利用当地特色的植物和素材，或者采用与众不同的设计手法，如不同的路面处理、照明设计等，表达道路的个性和特色。这样，每条道路都将成为城市中独特且富有个性的一部分，丰富和活跃城市的空间结构和形象。

（五）可持续性原则

从自然环境的角度来看，可持续性原则要求城市道路景观设计必须与周边的自然环境和生态系统保持和谐，而不是破坏或忽视它们。设计应该充分利用和保护现有的自然资源，如土壤、水、空气和生物多样性，并尽可能降低对环境的负面影响。这可能包括选择本地和耐旱的植物来减少水的使用，使用可再生和环保的材料来降低碳足迹，以及采取雨水收集和再利用的措施来保护水资源。设计还需要考虑如何提高生物多样性和生态系统服务，例如，通过创建野生动物栖息地或者改善城市热岛效应等。

从城市文脉的角度来看，可持续性原则强调城市道路景观设计需要尊重和延续城市的历史、文化及社会背景。设计者需要深入理解所在城市的文化遗产、历史特征和社区特点，并将这些元素融入设计之中，使设计与城市的身份和特色相契合。同时，设计还需要考虑如何促进社区的参与和发展，以增强社区的凝聚力和活力。例如，设计者可以通过社区参与的设计过程、设置公共艺术和公共空间，以及考虑步行和骑行的便利性等方式，增强道路的社区感和活力，提高其社会可持续性。

二、城市道路景观设计要点

（一）道路的比例

城市道路的比例设计主要包括以下三个方面：道路层次与宽度的对应关系、车行道与人行道的宽度配比，以及路宽与建筑高度的比例关系。

第一，不同级别的道路根据其功能和流量需求，会有各自的标准宽度。一般来说，单车道的宽度通常约为 4.5 米，而人行道则在 2 ～ 4 米，车道的数量和人行道的宽度可以根据实际需要进行调整。为了提供良好的视觉体验和空间感，一般建议城市街道（包括车行道和人行道）的宽度在 20 米以下。如果街道宽度超过 30 米，可能会给人带来距离感和难以跨越的感觉。在这种情况下，可以通过种植行道树划分空间，形成合适的街道景观层次。

第二，车行道与人行道的宽度比例是衡量街道人性化尺度的一个关键因素。通常情况下，人行道的宽度应占街道总宽度的 1/6 以上。然而，由于城市交通压力大，交通拥堵严重，往往会牺牲人行道的宽度满足车行道的需求，导致人行道过窄，给行人带来压迫感。特别是在车行道过宽、人行道过窄的情况下，行人容易感到紧张和焦虑。

第三，道路宽度和建筑高度的比值（D/H，D 代表道路宽度，H 代表沿街建筑高度）是一个重要的指标，用于保证道路空间的和谐、均衡和封闭感。一般来说，D/H 值越小，街道的封闭感越强；反之，D/H 值越大，街道的封闭感越弱。当 D/H 值 >3 时，街道几乎没有封闭感。在 1<D/H<2 的范围内，街道的空间结构通常最理想。在设计中，我们需要根据实际情况灵活运用这些原则，以创造出舒适宜人的城市街道空间。

（二）城市道路的景观界面

建筑界面是城市道路景观设计的主要元素，它为城市道路提供了整

体的景观特征。街道两侧的建筑形状和设计风格决定了城市道路景观的主导风格。在进行街道景观设计时，需要对建筑风格元素，例如，建筑形状、材料和颜色、装饰元素以及结构方式进行分析与解读，确保城市街道景观与建筑环境在风格上互补并协调。

路面界面是城市道路景观设计的基础元素，它不仅要满足基本的使用功能，提供坚固、耐用、防滑、美观的道路条件，还要满足公众的审美需求和心理体验。通过设计路面铺装的材质、颜色、排列方式和符号元素，可以使路面界面与建筑界面和周围环境形成和谐的统一。特别是对于步行者来说，道路路面界面在塑造城市道路景观的特色及优化环境氛围上具有重要作用。

绿化界面指的是城市道路的绿地系统，包括沿街的草坪、行道树、绿篱隔离带，甚至包括建筑立面的垂直绿化设施。绿化界面不仅展现了城市的绿色空间，还有效改善了城市生态环境，降低了环境污染，减少了噪声，产生了遮阳降温的效果，起到了调节城市微气候的作用。绿化界面还能在丰富城市景观特色的同时，分隔交通流线并提高城市道路的可识别性和多样性。

（三）城市道路的线形设计

城市道路线形设计分为两大方向：平面线形设计和纵向线形设计。这两者分别描述道路中心线在水平和垂直方向上的投影形态。

平面线形设计主要分为直线形态和曲线形态。直线形态的道路拥有明确的方向性，优良的连续性，以及其规则和易于操作的特性。但因其过于规则，可能引发感官疲劳。这种类型的道路设计多应用于幅宽较大的多车道干线道路景观规划。而曲线形态的道路则以其动感、变化丰富而受到欢迎。在现实环境中，考虑到地形因素，曲线形态的道路使用更为广泛，它可以创造出丰富的视觉变化，并拥有良好的导向性。在保障行驶安全的前提下，选择的曲线通常为圆弧曲线，即平曲线，这种曲线在弯道处的转弯半径不小于 6m。自由曲线由于其曲率变化不规则，应用较少，一般在受到地形限制的山区和自然旅游区才会选择。

纵向线形设计则根据道路起伏的曲线形态可以分为凸形竖曲线和凹形竖曲线两种。了解道路线形的关键要素包括道路的坡度和坡道长度。道路坡度主要分为纵坡和横坡，分别表示沿道路中心线方向和垂直于道路中心线方向的坡度。为确保道路的排水和行驶安全，通常行车道的纵坡为 0.3% ～ 8.0%，横坡为 1% ～ 4%，纵坡不应超过 12%。当道路坡度超过 12 度时，可以设置台阶以便于行人通行，每级台阶的高度为 0.100 ～ 0.165m，宽度为 0.28 ～ 0.38m，最好每隔 10 ～ 18 级台阶设置一个休息平台，以增强行走的舒适度。

（四）城市道路的节点设计

城市道路的关键位置，包括交叉口、桥梁、车站前广场、停车设施、地下入口、隧道、步行天桥及路边广场等，起着对城市交通的核心调控作用，同时也是城市景观的重要元素。首先，这些关键位置必须清晰地传递信息，确保交通的安全性和流畅性，让行车和行人都能准确地判断前进方向。其次，城市道路的这些关键位置具有多元化和多维度的特性，可以塑造出丰富多样的景观效果。例如，从不同方向交会的路口形成的中心环岛、立体交通结构形成的立交桥、步行天桥，以及周围的建筑等，都可以在二维和三维的空间中进行景观创造。可以对立交桥的桥墩、桥身和周围建筑的立面进行视觉优化。可以通过绿植的点缀、灯光的艺术装饰、色彩图形的表面装饰及金属等各种材料的运用来实现。结合节点所在的特定位置，可以创建个性化主题的景观，从而留下深刻的印象，有助于标识交通方向。但是，在进行环境创造的时候，必须注意不要干扰道路信息的准确传递。

三、城市道路景观设计与表现的方法

城市道路景观设计主要在于整体的和谐性和场所的延续性，具体包括以下四个方面，如图 8-7 所示。

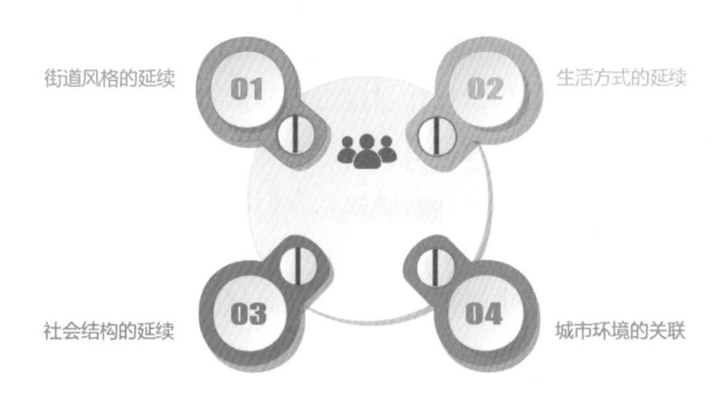

图 8-7　城市道路景观设计与表现的方法要点

（一）街道风格的延续

对于街道风格的维持和传承，通常采用两种关键要素：物质化元素和概念化元素。物质化元素是一种具体的、视觉上直观的要素，例如，代表地方文化的象征符号，装饰方法，材料和颜色等。通过复制和应用这些要素，可以直接地保持环境的风格特征。另一种是概念化元素，它涉及空间的组织方式，建筑元素的组合原则，以及象征符号的造型特征等。需要通过深入研究、总结和提炼这些抽象元素，然后创新地应用它们，以呈现出人们熟悉的传统风格或地域风格。这样可以形成具有强烈识别度的街道风格，使人们产生强烈的归属感和地方感。此外，在传承街道风格的过程中，不仅要尊重历史和文化，还需要考虑环境可持续性和未来的发展需求，保持街道风格的动态发展和更新。

（二）生活方式的延续

城市生活，实际上就是一种生动活泼的文化表达，而城市街道所体现的生活方式的尊崇与维持，其实也就是对久经岁月沉淀形成的生活习惯、生活模式以及审美观的敬重。这也体现出对街道文化生存原则的深刻理解和尊重，这不仅仅表现在表面的设计元素上，更在于对街道环境设计和文化存续之间深层次联系的理解。

如果将街道风格的延续比作对过去物质形态的保留和延续，那么生活方式的延续就可以理解为从更深层次的意义上尊重和维持环境中人的需要。社会的发展和变化，确实已经让人们的生活面貌发生了翻天覆地的变化，然而，历史的印记依然在人们的日常生活中显现，这些生活的痕迹既无法彻底改变，也不能完全固化和封闭。因此，如何在传统文化和现代生活之间找到平衡，如何在延续和创新之间找到一个合适的平衡点，成了一个极具挑战性的问题。人们需要理解的是，传统并非一成不变的保守，而现代也并非完全摒弃历史。优秀传统文化的传承并不意味着放弃现代生活方式的拥抱，反之，现代生活方式的引入也并不意味着要割断与传统的联系。人们应该在尊重历史文化和积极拥抱现代生活的过程中，寻找一种可以融合二者的方式，使其在互动中共同发展，从而赋予街道以新的生命力，也使人们的生活更为丰富多彩。

人们应该以更开放和包容的心态去理解和对待传统与现代的关系，让他们在街道的设计中相互渗透，相互影响，形成一种既有历史韵味又具有现代气息的街道文化风格。这样的街道既能满足现代人对生活质量的需求，又能使历史的印记得到更好的保护和传承。这既是人们面临的挑战，也是人们寻求的目标。

（三）社会结构的延续

城市的社会结构可以被理解为城市文化的关键构成元素，以及城市生活的明确体现。它不仅是城市空间布局的重要依据，还是塑造城市身份和个性的重要工具。本书所讨论的城市街道中社会结构的延续，实则是对居民之间的社会关系，例如，邻里关系、社交网络和社区活力等方面的承续和保护。其中，街道的作用不可忽视，它不仅是实现这种社会结构延续的物理平台，还是构建和维护地方文脉和社会生活的重要载体。

人们要认识到，街道不仅是城市的交通工具，也是城市生活的舞台，

是市民进行日常生活、交往和娱乐的场所。通过空间环境的塑造和优化，街道不仅能够维持和延续城市生活的健康格局，进一步强化市民的社区认同感和归属感，也可以增强社区的活力和魅力。这就是说，街道的设计和规划必须充分考虑社会结构与社会关系的影响，因为这是保持社区和谐稳定，促进社会交往和社区活动，增进邻里友善和社区凝聚力的关键。

在设计和规划城市街道的时候，需要对现有的社会结构进行全面和深入的理解，了解其历史和现状，探索其发展和变化的规律。充分利用街道的空间资源，充分发挥街道的社会功能，促进街道环境的优化和提升，使之更好地服务于市民，满足市民的多元化需求。这样，就能有效地延续城市街道中的社会结构，实现社区的和谐发展，提高城市的生活质量，创造更好的城市环境。

（四）城市环境的关联

城市环境的相互联系是从全局的视角审视城市街道，并从中发掘并建立其内在的关联性。这种关联性可以是街道与周边建筑群的联系，也可以是街道与自然元素之间的交织，还可以是街道与其地理环境的相互影响。关联性的追求在于实现各部分的和谐共生，这不仅体现在形式的视觉层面，也反映在内在的功能层面，使城市的各部分都能共同呈现出一种统一而和谐的氛围。

在城市设计的过程中，街道与建筑群的关系不仅仅是视觉上的美感问题，更关乎城市功能的实现和生活质量的保障。合理的建筑布局和街道设计能够优化城市空间，提升市民生活质量，提供更好的生活、工作和娱乐环境。这种关联也体现在城市历史和文化的传承上，建筑和街道的设计可以融入地方特色，呈现出独特的地域文化。

城市街道与自然要素之间的关联体现在人与自然的和谐共生上。街道的设计应充分考虑自然条件，如地形、气候、水文等，尽可能地保持和自然环境的和谐关系，提升城市的生态环境质量。通过引入自然元素，如绿化、水景等，可以让城市更加美观，同时，为市民提供休闲娱乐的空间，增加城市的吸引力。

城市街道与地理环境之间的关联体现在街道的布局和设计上，街道的设计应考虑地理条件，如地貌、地理位置等，以适应和利用地理环境。街道的设计也应反映地理环境的特色，增强城市的特色和魅力。

参考文献

[1] 何雪，左金富 . 园林景观设计概论 [M]. 成都：电子科技大学出版社，2016.

[2] 田建林，张致民 . 城市绿地规划设计 [M]. 北京：中国建材工业出版社，2009.

[3] 宋建成，吴银玲 . 园林景观设计 [M]. 天津：天津科学技术出版社，2019.

[4] 汪辉，谷康，严军，等 . 园林规划设计：第 3 版 [M]. 南京：东南大学出版社，2022.

[5] 王红英，孙欣欣，丁晗 . 园林景观设计 [M]. 北京：中国轻工业出版社，2021.

[6] 徐景文 . 计算机辅助园林景观设计：Auto CAD 篇 [M]. 武汉：武汉理工大学出版社，2021.

[7] 张颖璐 . 园林景观构造 [M]. 南京：东南大学出版社，2019.

[8] 周增辉，田怡 . 园林景观设计 [M]. 镇江：江苏大学出版社，2017.

[9] 孔曼儒 . 城市出入口大道园林景观设计的研究 [D]. 合肥：安徽农业大学，2017.

[10] 李环宇 . 园林景观设计中竹元素的造景方法及应用研究 [D]. 哈尔滨：哈尔滨工业大学，2017.

[11] 马莉萍 . 中国少数民族民间剪纸文化研究 [D]. 北京：中央民族大学，2010.

[12] 潘晓虎 . 光影在园林景观设计中应用的探索 [D]. 合肥：安徽建筑大学，2018.

[13] 秦敏 . 镂空艺术手法在现代园林景观设计中的应用研究 [D]. 重庆：重庆大学，2016.

[14] 俞一飞 . 园林景观设计中手绘的应用研究 [D]. 衡阳：南华大学，2019.

[15] 原野 . 五感设计在园林景观设计中的应用研究 [D]. 咸阳：西北农林科技大学，2018.

[16] 张嘉程 . 台州传统村落地面铺装探究 [D]. 杭州：浙江理工大学，2022.

[17] 艾静 . 城市园林景观设计中的情感化设计 [J]. 美与时代（城市版），2021（10）：71—72.

[18] 白天 . 视觉元素在园林景观设计中的应用 [J]. 鞋类工艺与设计，2023，3（10）：99—101.

[19] 白雪 . 居住区园林景观绿化植物配置及工程施工 [J]. 江苏建材，2023（3）：136—137.

[20] 边清纯，张雪芹 . 雕塑小品在园林景观设计中的重要作用 [J]. 天工，2022（2）：80—81.

[21] 陈栋 . 园林景观设计中的“留白”艺术 [J]. 中国住宅设施，2023（4）：26—28.

[22] 陈海山 . 论园林景观工程地面铺装的作用及施工技术 [J]. 四川建材，2020，46（12）：141—142.

[23] 陈阳 .Lumion 软件在园林设计中的应用 [J]. 林业调查规划，2016，41（4）：145—148.

[24] 崔怡雯 . 传统文化理念视域下的园林植物景观设计策略 [J]. 鞋类工艺与设计，2023，3（9）：133—135.

[25] 代珊珊 . 现代城市道路园林景观设计及植物配置分析 [J]. 居舍，2022（2）：139—141，144.

[26] 丁婧琳 . 园林景观设计中的水景设计 [J]. 鞋类工艺与设计，2023，3（8）：127—129.

[27] 杜文君 . 节约型生态园林景观设计研究 [J]. 四川建材，2023，49（6）：39—41.

[28] 黄海欣 . 传统审美视角下城市园林景观的设计体会 [J]. 城市建筑空间，2023，30（5）：45—46.

[29] 黄林坚 . 园林花岗岩地面铺装质量控制探析 [J]. 建材与装饰，2016（4）：62—63.

[30] 江合春 . 居住区园林景观养护管理对策 [J]. 乡村科技，2023，14（9）：122—125.

[31] 李敏 . 现代园林景观设计与陶瓷艺术 [J]. 陶瓷，2023（4）：188—190.

[32] 李鹏 . 现代城市园林景观设计的创新策略分析 [J]. 城市建设理论研究（电子版），2023（15）：167—169.

[33] 李巍然 . 园林景观设计中的色彩应用研究 [J]. 鞋类工艺与设计，2023，3（7）：186—188.

[34] 林春霖 . 园林水体景观小品施工技术要点研究 [J]. 散装水泥，2021（5）：99—101，104.

[35] 秦川 . 园林景观中的无障碍设计探究 [J]. 现代园艺，2021，44（18）：94—95.

[36] 秦晗，朱珈仪，徐欢，等 . 浅析地域文化对园林小品配置的影响 [J]. 农业与技术，2021，41（8）：8131—8133.

[37] 宋书强 . 园林艺术景观植物造型常见素材创作案例 [J]. 现代园艺，2023，46（3）：142—145.

[38] 苏有波 . 园林建筑、小品与园林风格协调问题及对策分析 [J]. 园艺与种苗，2022，42（12）：62—63.

[39] 孙思策 . 景观小品中植物搭配文化性研究 [J]. 新农业，2021（12）：57.

[40] 王妍 . 城市道路绿化中的园林景观设计分析 [J]. 居舍，2019（32）：128，138.

[41] 王玥 . 地域文化元素在园林景观设计中的应用分析 [J]. 城市建设理论研究（电子版），2023（16）：226—228.

[42] 王雪菲，唐清霞，胡建鹏 . 木质景观小品在园林景观工程中的应用 [J]. 现代园艺，2023，46（15）：116—118.

[43] 王仲福 . 建筑设计与园林景观设计的融合分析 [J]. 城市建设理论研究（电子版），2023（17）：223—225.

[44] 吴传钧 . 因地制宜发挥优势逐步发展我国农业生产的地域专业化 [J]. 地理学报，1981：349—357.

[45] 吴倩珊，沈守云，廖秋林 . 园林艺术表达中的寄寓手法 [J]. 建筑与文化，2023（1）：217—219.

[46] 夏伟 . 初探城市园林景观施工与道路绿化养护管理 [J]. 花卉，2019（22）：166.

[47] 解铁钰 . 基于可持续性园林景观设计对生态环境修复的作用探究 [J]. 城市建设理论研究（电子版），2023（10）：164—166.

[48] 许鲁杰 . 生态园林城市道路建设景观文化特色设计探讨 [J]. 现代园艺，2021，44（6）：66—67.

[49] 张虎 . 以景观要素为视角的城市居住区园林景观设计研究 [J]. 黄山学院学报，2021，23（4）：111—114.

[50] 张越 . 光影在园林景观空间中的艺术性应用 [J]. 美术文献，2020（5）：134—135.

[51] 赵孟婷 . 居住区园林景观植物的作用及养护管理探析 [J]. 农业灾害研究，2022，12（11）：123—125.

[52] 周牡丹 . 园林景观工程中地面铺装的施工技术探讨 [J]. 绿色科技，2015（7）：172—173.